Diplomica Verlag

Edith Piegsa

Green Fashion

Ökologische Nachhaltigkeit

in der Bekleidungsindustrie

Piegsa, Edith: Green Fashion: Ökologische Nachhaltigkeit
in der Bekleidungsindustrie, Hamburg, Diplomica Verlag GmbH

ISBN: 978-3-8366-9625-8

© Diplomica Verlag GmbH, Hamburg 2010

Bibliografische Information der Deutschen Nationalbiblithek:

Die Deutsche Nationalbibliothek verzeichnet diese Publikation
in der Deutschen Nationalbibliografie; detaillierte bibliografische
Daten sind im Internet über http://dnb.d-nb.de abrufbar.

Die digitale Ausgabe (eBook-Ausgabe) dieses Titels trägt die
ISBN 978-3-8366-4625-3 und kann über den Handel oder
den Verlag bezogen werden.

Inhaltsverzeichnis

I.   ABKÜRZUNGSVERZEICHNIS IV

II.   ABBILDUNGSVERZEICHNIS V

III. TABELLENVERZEICHNIS VII

1.   EINLEITUNG 1

2.   ÖKOLOGISCHE NACHHALTIGKEIT ENTLANG DER TEXTILEN KETTE 3

    2.1.   ROHSTOFFGEWINNUNG 4

        2.1.1.   *Pflanzenfasern* 5

            2.1.1.1.   Baumwolle 5

                2.1.1.1.1.   Konventioneller Anbau 5

                2.1.1.1.2.   Integrierter Anbau 6

                2.1.1.1.3.   Ökologischer Anbau 7

        2.1.2.   *Tierfasern* 8

            2.1.2.1.   Wolle 8

                2.1.2.1.1.   Konventionelle Schafhaltung 8

                2.1.2.1.2.   Ökologische Schafhaltung 9

        2.1.3.   *Zellulosische Chemiefasern (Zelluloseregenerate)* 10

            2.1.3.1.   Viskose 10

            2.1.3.2.   Lyocell 10

        2.1.4.   *Synthetische Chemiefasern* 12

            2.1.4.1.   Polyester (PES) 13

        2.1.5.   *Post Consumer Recycling (PCR)* 14

            2.1.5.1.   Recyceltes Polyethylenterephthalat (PET) 14

    2.2.   SPINNEN/GARNHERSTELLUNG 15

    2.3.   TEXTILE FLÄCHENERZEUGUNG 16

        2.3.1.   *Weben* 16

        2.3.2.   *Stricken/Wirken* 17

        2.3.3.   *Vliesstoffherstellung* 18

    2.4.   TEXTILVEREDLUNG 19

        2.4.1.   *Vorbehandlung* 20

            2.4.1.1.   Entschlichten 20

            2.4.1.2.   Reinigen 22

            2.4.1.3.   Bleichen 22

            2.4.1.4.   Mercerisieren 22

        2.4.2.   *Färben* 23

        2.4.3.   *Drucken* 26

        2.4.4.   *Ausrüstung* 26

        2.4.5.   *Arbeitsplatzgrenzwerte (AGW)* 29

    2.5.   KONFEKTION 30

        2.5.1.   *Ökologische Verantwortung bei der Lieferantenauswahl* 30

        2.5.2.   *CAD optimierter Zuschnitt* 32

        2.5.3.   *Zusatzstoffe/Hilfsmittel* 32

    2.6.   HANDEL UND VERTRIEB 33

        2.6.1.   *Transportverpackungen* 33

            2.6.1.1.   Mehrwegverpackungen 33

            2.6.1.2.   Einwegverpackungen 34

        2.6.2.   *Kleiderbügel* 34

            2.6.2.1.   Standard Kleiderbügel 34

            2.6.2.2.   Green Hanger 35

2.6.3.	*Einkaufstüten*	*36*
2.7.	TEXTILPFLEGE	36
2.7.1.	*Private Haushalte*	*38*
2.7.2.	*Gewerbliche Wäschereien*	*41*
2.8.	ENTSORGUNG	42
2.8.1.	*Wiederverwenden und stoffliches Verwerten*	*42*
2.8.2.	*Energetisches Verwerten*	*44*

3. NEUE ÖKOLOGISCHE ENTWICKLUNGEN IN DER TEXTILVEREDLUNG 45

3.1.	ENZYMTECHNOLOGIE	45
3.2.	PLASMATECHNOLOGIE	45
3.3.	LASERTECHNOLOGIE	46
3.4.	INKJET-DRUCKTECHNIK	46
3.5.	ÜBERKRITISCHES KOHLENDIOXID	47
3.6.	ELEKTROCHEMISCHES FÄRBEN	47
3.7.	CHITOSAN	48
3.8.	ULTRASCHALLBEHANDLUNG	48
3.9.	NIEDERTEMPERATURTECHNIKEN	49
3.10.	OZONUNGSANLAGEN	49
3.11.	FOTOKATALYTISCHE REINIGUNGSVERFAHREN	49

4. INDUSTRIELLE UND RECHTLICHE ÖKOLOGISCHE RICHTLINIEN 51

4.1.	REACH	51
4.2.	GEWÄSSERÖKOLOGISCHE KLASSIFIZIERUNG DER TEGEWA	51
4.3.	RESPONSIBLE CARE	52

5. ÖKOSIEGEL 53

5.1.	GOTS	55
5.2.	UNABHÄNGIGE ZERTIFIKATE	56
5.2.1.	*Qualitätszeichen NATURTEXTIL*	*56*
5.2.2.	*Öko-Tex Standard 100plus*	*56*
5.2.3.	*Europäisches Umweltzeichen*	*56*
5.2.4.	*ECOPROOF*	*57*
5.2.5.	*bluesign*	*57*
5.3.	HERSTELLEREIGENE LABELS	58
5.3.1.	*Hess Natur*	*58*
5.3.2.	*LamuLamu*	*58*
5.3.3.	*Green Cotton*	*58*
5.3.4.	*PURE WEAR*	*59*
5.4.	SCHADSTOFFSIEGEL	59
5.4.1.	*Öko-Tex Standard 100*	*59*
5.4.2.	*TOXPROOF*	*60*
5.4.3.	*SG – Schadstoffgeprüft*	*60*
5.4.4.	*Hautfreundlich, weil schadstoffgeprüft (Otto Group)*	*60*
5.4.5.	*Hautfreundlich, weil schadstoffgeprüft (Quelle)*	*61*
5.4.6.	*Hautsache körperverträglich - medizinisch getestet und schadstoffgeprüft*	*61*

6. ÖKOBILANZ **62**

    6.1. ENERGIEBEDARF 64

    6.2. WASSERVERBRAUCH 67

    6.3. FLÄCHENBEDARF 69

    6.4. TOXIZITÄT 70

    6.5. CO_2-EMISSIONEN 72

    6.6. AUSWERTUNG 73

7. SCHLUSSFOLGERUNG **75**

8. QUELLENANGABEN **77**

I. Abkürzungsverzeichnis

AGW	Arbeitsplatzgrenzwert
AOX	adsorbierbare organische Halogenverbindungen
ARS	Abwasserrelevanzstufe
CO	Baumwolle
CO_2	Kohlenstoffdioxid
CSB	Chemischer Sauerstoff Bedarf
EMAS	Eco-Management and Audit Scheme
GOTS	Global Organic Textile Standard
IFOAM	International Federation of Organic Agriculture Movements
ILO	International Labour Organization
IVN	Internationaler Verband der Naturtextilwirtschaft
kbA	kontrolliert biologischer Anbau
kbT	kontrolliert biologische Tierhaltung
LOHAS	Lifestyle Of Health And Sustainability
MAK	Maximale Arbeitsplatzkonzentration
PE	Polyethylen
PES	Polyester
PET	Polyester
PLV	Passive Lohnveredlung
PVA	Polyvinylalkohol
RAL	Reichs-Ausschuss für Lieferbedingungen
REACH	Registration, Evaluation, Authorisation of Chemicals
TEGEWA	Textilhilfsmittel-, Lederhilfsmittel-, Gerbstoff- und Waschrohstoff-Industrie
TVI	Textilverdedlungsindustrie
UNESCO	United Nations Educational, Scientific and Cultural Organization

II. Abbildungsverzeichnis

Abb. 2.1.: Die textile Kette   S. 3

Abb. 2.2.: Übersicht über die textile Faserstoffe   S. 4

Abb. 2.3.: Der Aralsee im Flächenvergleich 1973 und 2004   S. 5

Abb. 2.4.: Top 5 Marken/ Einzelhändler 2007 geordnet nach dem Faservolumen an Biobaumwolle   S. 7

Abb. 2.5.: Hauptwollerzeugerländer für Schurwolle   S. 8

Abb. 2.6.: Methanverursacher weltweit   S. 9

Abb. 2.7.: Nassspinnverfahren   S. 10

Abb. 2.8.: Lyocell Verfahren   S. 11

Abb. 2.9.: Anteil des Rohölverbrauchs für synthetische Chemiefasern   S. 12

Abb. 2.10.: Synthese einer Polyesterfaser   S. 13

Abb. 2.11.: Schmelzspinnverfahren   S. 13

Abb. 2.12.: Vergleich texturiertes Filamentgarn, nicht texturiertes Filamentgarn   S. 13

Abb. 2.13.: PET-Flocken, verpackt   S. 14

Abb. 2.14.: Mechanik des Spinnens   S. 15

Abb. 2.15.: Fasern und aufgespulte Spinnkopse   S. 15

Abb. 2.16.: Vorderfach einer Webmaschine   S. 16

Abb. 2.17.: Prinzip des Schusseintrags   S. 16

Abb. 2.18.: Zungennadeln einer Strickmaschine   S. 17

Abb. 2.19.: Schematische Darstellung von links/links gestrickter Maschenware   S. 17

Abb. 2.20.: Einsatz von Vliesstoffeinlagen am Beispiel Sakkovorderteil   S. 18

Abb. 2.21.: Die drei Arten der Vliesverfestigung (mechanisch, chemisch, thermisch)   S. 18

Abb. 2.22.: Ausziehverfahren im Jigger   S. 23

Abb. 2.23.: Typisches Klotzfärbeverfahren im Foulard   S. 23

Abb. 2.24.: Ausrüstungsverfahren   S. 26

Abb. 2.25.: Spannrahmen   S. 27

Abb. 2.26.: Mundschutz vor Staub verursacht durch Abschleifen von Jeans (China)   S. 29

Abb. 2.27.: Schnittstellen eines CAD-Programms   S. 32

Abb. 2.28.: Hochlagen-Textilcutter   S. 32

Abb. 2.29: Versandkarton   S. 34

Abb. 2.30.: Grundmuster der Ablauforganisation im Standard-Kleiderbügelkreislauf   S. 34

Abb. 2.31.: Green Hanger   S. 35

Abb. 2.32.: Werbemechanik der Green Hanger   S. 35

Abb. 2.33.: Symbole für die Pflegebehandlung von Textilien   S. 37

Abb. 2.34: Übersicht A-Klasse Wäschetrockner/Waschmaschinen   S. 48

Abb. 2.35: Wäscherei   S. 41

Abb. 2.36.: RAL Gütezeichen   S. 41

Abb. 2.37.: Terminologie des Rezyklierens   S. 42

Abb. 2.38.: Sortierung von Alttextilien   S. 42

Abb. 2.39.: Entscheidungsbaum zum Textilrecycling   S. 43

Abb. 3.1.: Biotechnische Herstellung von Enzymen in Fermentern   S. 45

Abb. 3.2.: Bimssteine   S. 45

Abb. 3.3.: Mögliche Einsatzbereiche der Plasmabehandlung im textilen Sektor   S. 45

Abb. 3.4.: Wasserabweisend ausgerüstetes Baumwolle-/Polyester-Gewebe   S. 46

Abb. 3.5.: Laserbeschriftung von Leder   S. 46

Abb. 3.6.: Inkjet-Drucker   S. 46

Abb. 3.7.: Funktionsschema einer Anlage zur Färbung mit überkritischem Kohlendioxid   S. 47

Abb. 3.8.: Prinzipschema einer elektrochemischen Färbeanlage   S. 48

Abb. 3.9.: Einsparmöglichkeiten beim Einsatz von Niedertemperaturheizungen   S. 49

Abb. 4.1.: Logo des Responsible Care Programms   S. 52

Abb. 5.1.: Nachfrage nach Auszeichnung zertifizierter Produkte   S. 53

Abb. 5.2.: Bedeutung von Textilsiegel-Auszeichnungen direkt am Produkt   S. 53

Abb. 5.3.: Gestützte Bekanntheit und Verwendung von Textilsiegeln   S. 54

Abb. 5.4.: GOTS Logo   S. 55

Abb. 5.5.: IVN Label   S. 56

Abb. 5.6.: Öko-Tex Standard 100plus Label   S. 56

Abb. 5.7.: EU-Blume   S. 56

Abb. 5.8.: ECOPROOF Label   S. 57

Abb. 5.9.: bluesign® Logo   S. 57

Abb. 5.10.: Hess Natur Logo   S. 58

Abb. 5.11.: LamuLamu Logo   S. 58

Abb. 5.12.: Green Cotton® Logo   S. 58

Abb. 5.13.: PURE WEAR Logo   S. 59

Abb. 5.14.: Öko-Tex 100 Standard Label   S. 59

Abb. 5.15.: TOXPROOF Label   S. 60

Abb. 5.16.: Schadstoffgeprüft Label   S. 60

Abb. 5.17.: Hautfreundlich, weil schadstoffgeprüft (Otto Group) Label   S. 60

Abb. 5.18.: Hautfreundlich, weil schadstoffgeprüft (Quelle) Label   S. 61

Abb. 5.19.: Hautsache körperverträglich – medizinisch getestet und schadstoffgeprüft Label   S. 61

Abb. 6.1.: Methodik der Produktbilanz (Bekleidung)   S. 63

Abb. 6.2.: Primärenergiebedarf in der textilen Kette in MJ   S. 64

Abb. 6.3.: Energiebedarf für die Herstellung und Textilpflege von Herrenhemden in kWh   S. 65

Abb. 6.4.: Heizwerte ausgewählter Energieträger in kJ/kg   S. 66

Abb. 6.5.: Wasserverbrauch für die Herstellung einer Tonne Fasern in m³   S. 67

Abb. 6.6.: Wasserverbrauch innerhalb des Lebenszyklus von Bekleidung in m³   S. 68

Abb. 6.7.: Flächenbedarf pro Tonne Fasern in ha im Vergleich zum weltweiten Produktionsanteil der Faserarten   S. 69

Abb.6.8.: Toxizitätsprofil von Baumwoll-T-Shirts in Abhängigkeit von der Gesamttoxizität ihres Lebenszyklusses   S. 70

Abb. 6.9.: Detailliertes Toxizitätsprofil des Biobaumwoll T-Shirts   S. 71

Abb. 6.10.: Kohlenstoffdioxid Emissionen in kg je Tonne Faser   S. 72

III. Tabellenverzeichnis

Tabelle 2.1.: Die wichtigsten synthetischen Kunstfasern und ihre ökologische Problematik   S. 12

Tabelle 2.2.: Allergene Textilfarben   S. 24

Tabelle 2.3.: Farbstoffe und ihre Abhängigkeit vom Rohstoff   S. 25

Tabelle 2.4.: Wesentliche Ausrüstungsverfahren   S. 28

Tabelle 2.5.: Der deutsche Außenhandel mit Bekleidung im 1. Halbjahr 2005   S. 30

Tabelle 2.6.: Wesentliche Unterschiede zwischen EMAS und ISO-Norm   S. 31

Tabelle 2.7.: Überblick über die Waschmittelinhaltsstoffe und ihre Funktion   S. 40

Tabelle 2.8.: Biologische und thermische Verwertung von Textilien   S. 44

Tabelle 2.9.: Heizwerte von Fasern und Heizöl   S. 44

1. Einleitung

Im Kontext der globalen Debatte um Klimawandel und sich verschärfender Knappheit an Wasser und Ackerfläche mit Blick auf den rapiden Anstieg der Weltbevölkerung, rückt der "ökologische Rucksack" von Produkten, gefüllt mit deren Materialinput, immer stärker in das öffentliche Bewusstsein. Dass man an eben diesem ökologischen Rucksack für Textilprodukte sehr schwer tragen kann, wird schon hinsichtlich des konventionellen Baumwollanbaus, welcher mit einem enormen Wasser- und Pestizidverbrauch verbunden ist, augenscheinlich.

Seit Jahren bestehen deshalb Bestrebungen der globalen Textil- und Bekleidungsindustrie in Kooperation mit Regierungen als auch mit Nichtregierungsorganisationen, Prozesse entlang der textilen Kette ökologisch zu innovieren. Diese Bestrebungen gipfeln in der Initiierung des "Global Organic Textile Standard" im Jahr 2006, einem weltweit gültigen Standard zur ökologischen Produktion von Naturtextilien und symbolisch in der Erklärung des Jahres 2009 zum Jahr der Naturfasern durch die UNESCO.

Simultan nimmt die Gruppe der LOHAS (Lifestyle of Health and Sustainability), welche Menschen umfasst, die gesund leben und sich persönlich weiterentwickeln wollen sowie für Umweltschutz, Nachhaltigkeit und soziale Gerechtigkeit eintreten, einen immer stärkeren Stellenwert ein und macht mittlerweile laut einer Studie des Burda-Verlags 3,67 Millionen Menschen allein in Deutschland aus.

Um die Macht dieser wachsenden Konsumentengruppe wissend, integrieren viele Bekleidungsunternehmen ökologische Anforderungen in ihre Qualitätsmanagementsysteme und ökologische Kollektionen in ihr Sortiment, um diese wiederum, wenn nicht aus eigener Unternehmensethik, zumindest aus Marktgründen an die Verbraucher zu kommunizieren. Sofern diese Bemühungen jedoch nicht abbrechen, sind die ökologischen Folgen positiv zu vermerken und die dahinter stehenden Beweggründe (relativ) irrelevant.

Die textile Kette jedenfalls birgt ökologisch beleuchtet noch großes Optimierungspotential, auch wenn die ersten Steine auf dem Weg zu ihrer Ökologieverträglichkeit bereits gelegt wurden.

Die Zielstellung dieses Buches ist damit einhergehend die Ökologieverträglichkeit aller Lebenszyklusphasen der Bekleidung in allen drei Teilbereichen der Textilökologie zu beleuchten, im Folgenden genannt:

- Produktionsökologie, welche die Umweltrelevanz (Energie- und Rohstoffdurchsatz, Emissionen in Luft, Wasser und Boden, Abfälle und andere) der Faserstofferzeugung, Textil- und Bekleidungsherstellung sowie der Textilpflege umfasst

- Humanökologie, welche sich mit der Hautresorption und Bioverträglichkeit von Textilien und Bekleidung und der daraus resultierenden irritativen, allergischen und toxikologischen (vor allem kanzerogenen, mutagenen und teratogenen) Auswirkungen auf den Menschen beschäftigt

- Entsorgungsökologie, welche sich auf die Entsorgung (Kompostierung, Müllverbrennung, Deponierung) und das Recycling (Rückführung in den Verbrauchs- und Produktionszyklus) textiler Produkte bezieht.

Der Bereich der Humanökologie wird innerhalb der Betrachtung der ökologischen Nachhaltigkeit aus logischen Gründen parallel zur Produktions- und Entsorgungsökologie reflektiert.

Da in der industriellen Praxis Ökologie und Ökonomie Hand in Hand gehen, sollen den ökologischen Belastungen der textilen Kette ökologisch innovative und wirtschaftlich sinnvolle Alternativen gegenübergestellt und Bestrebungen und Einschränkungen der Textil- und Bekleidungsindustrie aufgezeigt werden.

Den Bereich der Textilökologie aufgreifend, sollen in dieser Arbeit weiterhin Textilsiegel dargestellt und vor dem Hintergrund von Anforderungen an Umweltschutz und Schadstofffreiheit auf ihre Qualität hin untersucht werden.

Abschließend wird unter Hinzunahme von Zahlen zum Ressourcenverbrauch der Textil-, Bekleidungs- und Chemieindustrie unter Beachtung bekleidungsphysiologischer Aspekte eine Ökobilanz erstellt, aus welcher als Resultat eine Empfehlung mit der Tendenz zu einer Faser(-mischung) und einem einschlägigen Produktionsprozess hervorgehen soll.

Weitgehend unberücksichtigt bleiben soziale Gesichtspunkte als auch die Betrachtung von Pelz- und Lederbekleidung, die aufgrund ihrer nicht textilen Rohstoffe und spezifischer Herstellungsverfahren mit anderen ökologischen Problemen behaftet ist.

2. Ökologische Nachhaltigkeit entlang der textilen Kette

Im Rahmen der passiven Lohnveredlung bildet die textile Kette ein komplexes und verzweigtes Konstrukt aus Kostengründen global angesiedelter Produktionsschritte. Vom Rohstoffanbau über die Verarbeitung, Veredlung, Konfektionierung, Gebrauch und Verwertung liegt die Umweltrelevanz neben den durch den Transport verursachten Emissionen im hohen Einsatz von Chemikalien, Energie und Wasser und in den Emissionen über Bodenbelastung, Abwasser und Abluft.

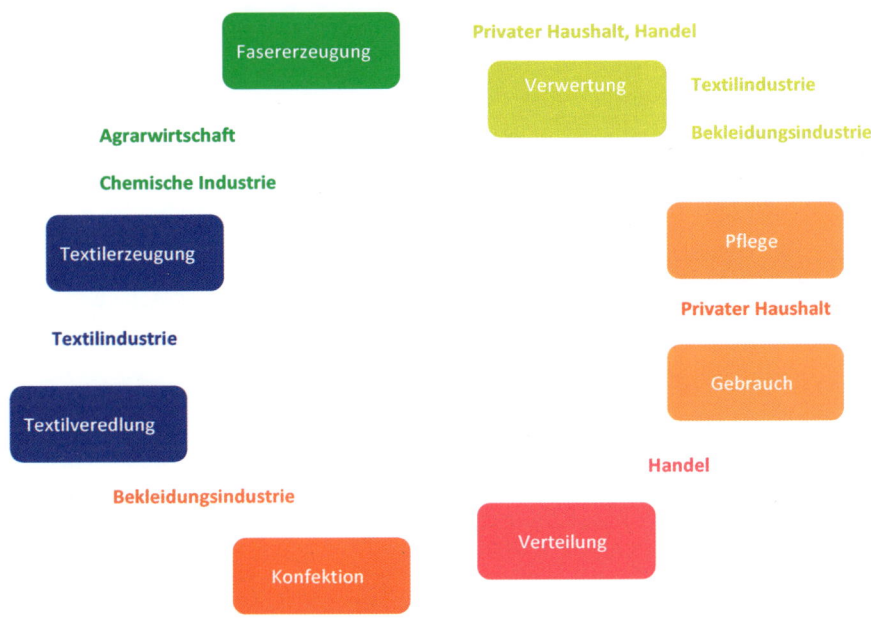

Abb. 2.1.: Die textile Kette[1]

Jeder eigene Produktionsschritt besitzt seine eigene Problematik, wobei sich jedoch der Bereich der Textilveredlung durch seinen immensen Chemikalieneinsatz deutlich von den anderen Bereichen abhebt.

2.1. Rohstoffgewinnung

Innerhalb der textilen Rohstoffe kann zwischen Natur- und Chemiefasern unterschieden werden. Der immense Bedarf an Fläche, Wasser und in der konventionellen Gewinnung auch an Pestiziden bei Naturfasern, steht dem Ressourcenverbrauch an Öl, an Energie, Wasser und Chemikalien bei synthetischen Chemiefasern gegenüber. Im Folgenden soll exemplarisch für pflanzliche und tierische Naturfasern und Chemiefasern aus natürlichen und synthetischen Polymeren die jeweilige Grundproblematik aufgezeigt werden.

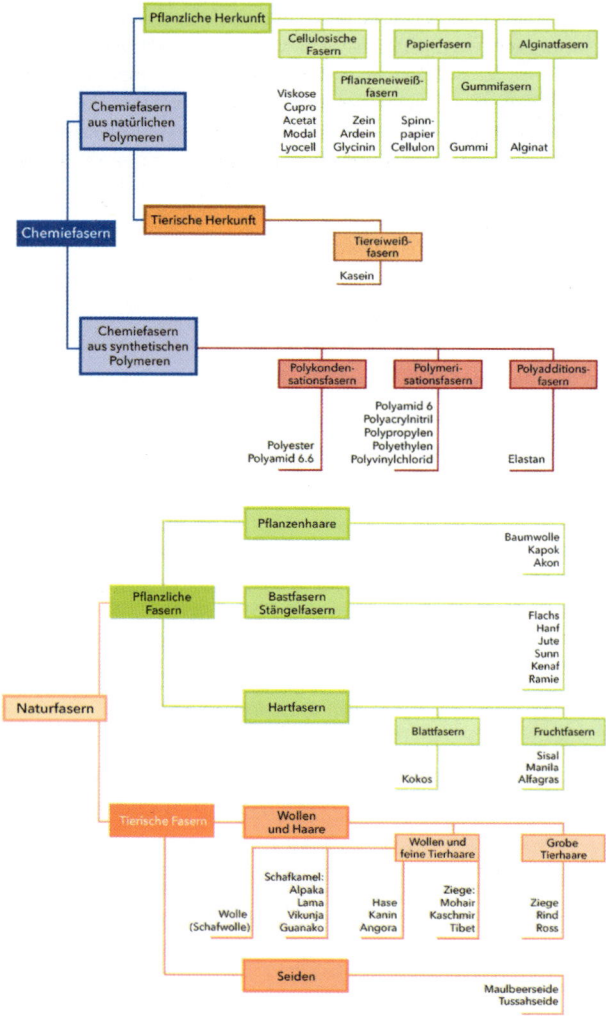

Abb. 2.2.: Übersicht über die textilen Faserstoffe[2]

2.1.1. Pflanzenfasern

2.1.1.1. Baumwolle

Seit dem Ende des 19ten Jahrhunderts ist Baumwolle, auch als „weißes Gold" bekannt, die weltweit am häufigsten verwendete Textilfaser[3], aus der aktuell rund die Hälfte aller Kleidungsstücke hergestellt werden[4].

Entgegen ihres sauberen Images als Naturfaser hat ihr Anbau jedoch schwerwiegende ökologische Konsequenzen. Das allmähliche Austrocknen des Aralsees (vor vierzig Jahren noch der viertgrößte Süßwassersee auf der Welt) auf 20 Prozent seiner ursprünglichen Fläche[5] und das massenhafte Vogelsterben im Bodenseeraum in den 80er Jahren, verursacht durch den Einsatz von bedenklichen Pflanzenschutzmitteln im Baumwollanbau[6], sind nur einige davon.

Abb. 2.3.: Der Aralsee im Flächenvergleich 1973 und 2004[7]

Seit langem wird der konventionelle Anbau kritisch diskutiert, doch noch nie war die Notwendigkeit so aktuell diesen zu überdenken, vor allem in Hinblick auf die wachsende Weltbevölkerung und der damit verbundenen Knappheit an Wasser und landwirtschaftlicher Nutzfläche.

2.1.1.1.1. Konventioneller Anbau

Von der Saatgutausbringung über die Ernte mit der Pflückmaschine, für die Entlaubungsmittel notwendig sind, bis zur Konservierung für Lagerung und Transport wird die Pflanze kontinuierlich bespritzt. Durch diesen massiven Einsatz an Chemikalien tritt in immer kürzeren Abständen eine Schädlingsresistenz auf, so dass dem "Teufelskreis" entsprechend eine immer größer werdende Menge an Chemikalien immer häufiger ausgebracht werden muss. Viele der dabei verwendeten chemischen Dünge-, Unkrautbekämpfungs-, Entlaubungs- und Schädlingsbekämpfungsmittel, die vor Jahren aufgrund ihrer nachgewiesenen Giftigkeit in der Bundesrepublik verboten wurden, finden anderswo noch weiterhin aufgrund lascherer Gesetzgebung Verwendung. Die ökologisch bedenklichen Punkte des konventionellen Baumwollanbaus wären[8]:

Energieverbrauch:
- großflächiger Anbau von Baumwolle, v.a. in den USA und den Nachfolgestaaten der UdSSR ist mit einem erheblichen Energieverbrauch verbunden
- Einsatz von Pflanzenschutzmittel:
  Baumwollpflanzen werden in sehr starkem Maße von verschiedenen Schädlingen (Blattläuse, Blattwürmer, Kapselwürmer, -raupen und -käfer) heimgesucht. Zum Schutz der Pflanzen werden Insektizide, Herbizide und andere Agrochemikalien eingesetzt; so dass etwa 11% der weltweit eingesetzten Pestizide und 24% der Insektizide in der Baumwollproduktion verwendet werden
- Wasserverbrauch:
  Baumwolle kann je nach Niederschlagsmenge in Trockenkulturen oder unter künstlicher Bewässerung angebaut werden. Höhere Erträge und bessere Qualitäten werden i.d.R. in Trockengebieten mit künstlicher Bewässerung (über 60 % der Baumwolle) erzielt. Die dabei benötigten Wassermengen können je nach Region in Konflikt mit anderen Nutzungen stehen; ein besonders dramatisches Beispiel ist das allmähliche Verschwinden des Aralsees, der im Jahre 2015 nicht mehr existieren wird.
- Abwasser:
  Die ins Wasser eingetragenen Dünge- und Pflanzenschutzmittel tragen zur Bodenbelastung und Abwasserbelastung bei. Beispiele sind v.a. die Versalzung von Böden, Desertifizierung und Fischsterben.
- Humantoxizität:
  Die Ausbringung der Agrochemikalien, v.a. in Entwicklungsländern, ist mit einer Reihe von Gesundheitsgefährdungen verbunden.

Weitaus weniger umweltrelevante Anbaumethoden, wie z.B. integrierter oder ökologischer Anbau, sind jedoch möglich und stellen mittlerweile auch einen beträchtlichen Prozentsatz des gesamten Baumwollanbaus.

2.1.1.1.2.   Integrierter Anbau

Ein Monitoring der Schädlingspopulation, Behandlung des Saatgutes statt eines ganzen Feldes, die Kombination von Lockstoffen mit Kontaktinsektiziden, Einsatz von selektiv wirkenden Pflanzenschutzmitteln, Resistenz-Management, Einsatz von biologischen Produkten und transgener Baumwolle vermeiden bzw. verringern u.a. den Einsatz von Pestiziden beim integrierten Anbau. Schätzungsweise rund 20% der Baumwolle stammen aus integriertem Anbau.[9]

2.1.1.1.3.   Ökologischer Anbau

Die größere Popularität unter den Anbaualternativen genießt jedoch der ökologische Anbau von Bio-baumwolle aufgrund seiner strengeren Richtlinien und der verbesserten Zusammenarbeit und Unter-stützung der Baumwollbauern vor Ort.
Mittlerweile werden laut dem „ Organic Cotton Market Report 2007" der Organisation Organic Ex-change weltweit bereits 57,931 metrische Tonnen (MT) Biobaumwollfasern hergestellt. Die Türkei, Indien, China, Syrien, Peru, die Vereinigten Staaten, Uganda, Tanzania, Israel und Pakistan sind dabei geordnet nach Volumen die zehn wichtigsten Länder, die Biobaumwolle herstellen.
Ökobaumwolle wird im Gegensatz zu konventioneller Baumwolle nicht in Monokultur, sondern in Fruchtfolge angebaut. Die Bauern bekommen Abnahmegarantien für ihre Ernten, damit sie in erster Linie auf Qualität und nicht auf Quantität achten können[10]. Die Ernte erfolgt manuell, so dass die sonst für die Erntemaschinen nötigen Entlaubungsmittel entfallen.

Wesentliche Merkmale des Biobaumwoll-Anbaus[11] sind:

- Abwechselnde Fruchtfolge zur Belebung des Bodens
- Genunverändertes Saatgut
- Unkraut-/Schädlingsbekämpfung nach rein biologischen Methoden
- Organische Düngung
- Verzicht auf den Einsatz von Chemikalien wie Pestiziden, Herbiziden und Kunstdünger
- Kontrollierte Grenzwerte bezüglich Abwasser- und Abluftreinigung, sowie Staub- und Lärmgrenzen
- Manuelle Ernte (handgepflückt)
- Faire Preise und Abnahmekonditionen
- Hohe Anforderungen bei Arbeitsschutz und u.a. Verbot von Kinderarbeit

Da jedoch über die praktizierenden realen Anbaumethoden oft keine Informationen vorliegen, wird versucht über die Rückstandsprüfung sowie über eventuell vorhandene Zertifikate einen Rückschluss auf die Anbaumethode zu gewinnen. So wird Rohbaumwolle, die nach Deutschland angeliefert wird, von der Bremer Baumwollbörse auf Schadstoffe basierend auf dem Öko Tex Standard 100 geprüft[12].

Top 5 Marken/Einzelhändler 2007 geordnet nach dem Faservolumen an Biobaumwolle:

1. **Wal-Mart/Sam's Club**
2. **Nike**
3. **Woolworth's South Africa**
4. **Coop Switzerland**
5. **C&A**

Abb. 2.4.: Top 5 Marken/ Einzelhändler 2007 geordnet nach dem Faservolumen an Biobaumwolle[13]

2.1.2. Tierfasern

2.1.2.1. Wolle

Obwohl der Wollfaseranteil an der Weltfaser-produktion nur 2% beträgt, nimmt der Flächen-verbrauch proportional umgekehrt 69% der ge-samten Faserproduktionsfläche ein, so dass die Weidefläche derzeit 867.000 km² beträgt[14]. Wolle als tierische Faser kann dabei von ver-schiedenen Tierrassen gewonnen werden, sobald es sich jedoch nicht um Schafwolle handelt trägt die Faser neben der Bezeichnung Wolle oder Haare zusätzlich den Tiernamen[15]. Neben den Schafkamelen Alpaka, Lama, Guanako und Vicu-ña, Kamelen, Angorakaninchen (Angorawolle), Angoraziegen (Mohairwolle) und Kaschmirziegen machen jedoch Schafe letztendlich den Hauptanteil der Wollfaserlieferanten aus[16].

Hauptwollerzeugerländer (Schurwolle):

1. Australien
2. Neuseeland
3. Asien
4. Argentinien
5. Uruguay
6. Südafrika

Abb. 2.5.: Hauptwollerzeugerländer für Schurwolle

2.1.2.1.1. Konventionelle Schafhaltung

Die Haltung von Schafen erfolgt meist in Großherden, wodurch die Tiere für Parasitenbefall sehr an-fällig sind. Um ökonomische Unkosten zu vermeiden, werden die Schafe zweimal jährlich einem Pes-tizidtauchbad (Dipping) oder einer Pestiziddusche (Jetting) unterzogen, wobei oft noch chemische Mittel zusätzlich über die Nahrungsaufnahme verabreicht werden (Drenchen)[17]. Die dabei verwende-ten Pestizide sind teilweise akut giftig. Früher eingesetzte Pestizide wie z.B. die harten Chlorpestizide Endrin, DDT und Toxaphen wurden weltweit aufgrund ihrer starken toxischen Wirkung bereits verbo-ten.

Aktuell eingesetzte Pestizide in der Schafzucht[18]:

Pestizid	Beschreibung
Organophosphate	Stark toxische Insektizide, Wirkung wie Nervengift, Folgen: Nervosität, Angst, Kreislaufkollaps, Krampfzustände, Atemlähmung; Verwendung als Kampfgift z.B. im Zweiten Weltkrieg und im Golfkrieg
Pentachlorphenol (PCP)	Haupteinsatzgebiet im Holzschutz, seit 1989 in der Bundesrepublik verboten Stoffwechsel- und Kreislaufstörungen, Tödliche Vergiftungen durch Bewusst-losigkeit, Herzversagen, Atemdepression und Lungenödem(15 s5), erbgutverändernd, krebserzeugend, fruchtschädigend, giftig für Wasserorga-nismen
Carbamate	akut giftig, Folgen: Übelkeit, Durchfall, zentrale Atemlähmung, Koma

An die Schafschur anschließend, die meist im Frühjahr erfolgt und die Sortierung des Wollvlieses entsprechend der Faserlänge, Kräuselung, Verunreinigungen und Farbe, erfolgt die Wollwäsche, bei welcher Sand, Erde, pflanzliche Verunreinigungen, Pestizide, Wollfett, Schweißsalze, Kot und Harn von der Faser gelöst werden[19].

In einer großen Wollwäscherei fallen dabei rund 35 m³ Abwasser pro Stunde allein aus der Wollwäsche an, wobei in einem Liter Abwasser ca. 0,2 mg Pestizide enthalten sind[20]. Die Reinigung des Abwassers stellt dabei den größten Kostenfaktor für die Wollwäschereien dar[21]. Die Bremer Wollkämmerei betreibt als einziges Unternehmen in Europa für die Rohwollwäsche eine eigene biologische Kläranlage, die das Prozesswasser wieder zurückführt und aus der Prozesswärme Energie für den Betrieb gewinnt. Die eingesetzten Waschmittel werden recycelt. Die Pestizide werden aus dem Wollfett herausgelöst und bei 1200°C schadstofffrei verbrannt.

2.1.2.1.2.　Ökologische Schafhaltung

Über die ökologisch effektive Abwasserreinigung hinaus gelten bei Öko-Wolle strenge Richtlinien bezüglich Tierhaltung, Futterauswahl und Einsatz der Medikamente.

Den Schafen wird mehr Auslauf zugesprochen und es wird auf die Qualität des Weidegrases geachtet, weswegen die Tiere erheblich widerstandsfähiger sind, was sich wiederum auf die Wollqualität niederschlägt[22]. Pestizidbäder bzw. Parasitenbekämpfungen mit synthetischen Pestiziden sind ebenso verboten wie der Einsatz von synthetischen Hormonen und Genmanipulation. Grundsätzlich ist darauf zu achten, dass die verwendeten Materialien und Methoden sich an die Richtlinien der ökologischen Landwirtschaft halten[23].

So ist unter anderem „Mulesing" verboten. Mulesing ist eine Methode, die besonders in Australien auf großen Farmen praktiziert wird, bei welcher bei Schafen von Schweißfliegen befallene Stellen im Afterbereich ohne Betäubung und anschließender Desinfektion mit einer scharfen Schere herausgeschnitten werden. Die ökologische Alternative stellt das „Clutching" bis 2010 dar, wenn laut dem Deutschen Tierschutzbund die australischen Farmen aus Angst vor Umsatzeinbußen das „Mulesing" aufgeben wollen. Beim Clutching werden die Tiere regelmäßig rund um Schwanz, Anus und Vulva geschoren und dieser Bereich so für Schweißfliegen unattraktiv gemacht[24].

Da die Nachfrage nach ökologisch hergestellter Wolle wächst, werden die Bemühungen immer größer ökologische Alternativen für alle Bereiche der Tierhaltung zu finden.

So wurden bereits natürliche Futterzusätze aus Extrakten von Pflanzen (Kokosnüssen, Leinsamen, Sonnenblumenkernen, Seifenbäumen, Akazien) erforscht, die die Methanbildung in den Mägen der Wiederkäuer verringern[25].

Neben Rindern sind Schafe die Hauptverursacher des Methangases, welches wiederum für rund ein Fünftel des Treibhauseffekts verantwortlich ist[26].

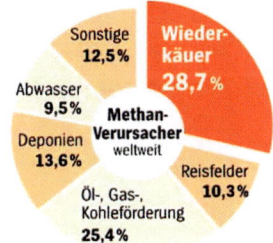

Abb. 2.6.: Methanverursacher weltweit[27]

2.1.3. Zellulosische Chemiefasern (Zelluloseregenerate)

Der Ausgangsstoff für „Kunstseide", wie Filamente aus zellulosischen Chemiefasern früher bezeichnet wurden, ist immer Zellstoff, welcher aus Holz oder Baumwollabfällen gewonnen wird[28].

2.1.3.1. Viskose

Den Großteil, mit 82% der zellulosischen Chemiefasern macht dabei Viskose aus. Davon werden rund 80% in Asien produziert, was auf die dort lascher vorherrschenden Umweltschutzauflagen zurückzuführen ist[29].

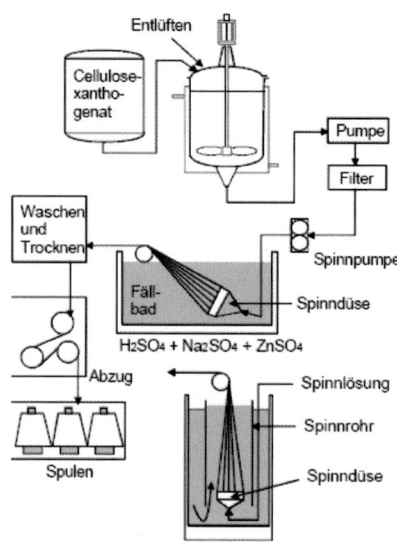

Abb. 3.7.: Nassspinnverfahren[1]

Für die Viskoseherstellung werden Harze und andere Fremdstoffe in einem Schwefeldioxidbad aus entrindeten und zerkleinerten Holzstücken ausgekocht[30]. Danach wird der Zellstoff mit Chlor oder chlorhaltigen Lösungen gebleicht und zu festen Platten gepresst.

Um die Zellulose für die Faserherstellung wieder zu verflüssigen werden die Zellstoffplatten in Natronlauge getränkt, um den Molekülverband der Faser zu lockern. Anschließend wird die Zellulose in einem Schwefelkohlenstoffbad laugenlöslich, sodass durch Zusatz von verdünnter Natronlauge die Spinnlösung entsteht. Dieser werden je nach Wunsch Mattierungsmittel oder Farbstoffe zugesetzt[31].

Im Nassspinnverfahren wird die Spinnlösung ausgesponnen und das entstandene Garn vor allem zu Futterstoffen oder in Mischung mit Naturfasern zu Kostümen, Hemden, Jacken und Wäsche verarbeitet[32].

Der für die Herstellung der Faser benötigte Energie-, Wasser und Chemieaufwand ist dabei beachtlich[33]. Genauso wie die Belastung der Abwässer und Abluft mit hochgiftigen Chemikalien.

2.1.3.2. Lyocell

Das Lyocell-Verfahren, das mit dem European Environmental Award 2000, Kategorie "technology for sustainable developments" ausgezeichnet wurde, stellt die umweltfreundlichere Variante der zellulosischen Chemiefasergewinnung dar[34].

Dabei wird reine "Holzcellulose" in dem Lösemittel Aminoxid direkt zur zähflüssigen Spinnmasse gelöst, filtriert und im Trocken-Nassspinnverfahren zu Filamenten ersponnen[35].

Der dabei angewendete Lösehilfsstoff kann durch sein gutes Wassermischvermögen einfach aus der Faser entfernt werden, ist umweltverträglich, biologisch abbaubar und kann mit mehr als 99,6% zurückgewonnen werden[36]. Zusätzlich dazu, dass das bei dem Herstellungsprozess anfallende Abwasser keine Gefahr für die Umwelt darstellt, ist die Faser verrottbar[37].

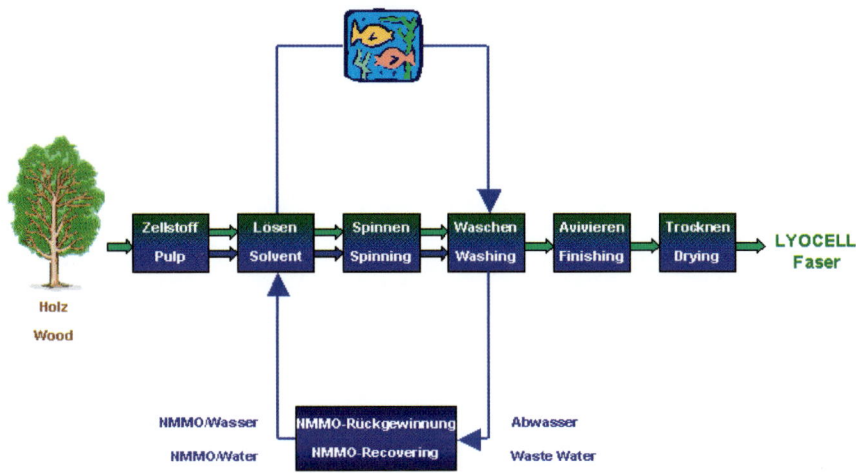

Abb. 2.8.: Lyocell Verfahren[38]

Darüber hinaus besitzt Lyocell eine bessere Trocken- und Nassfestigkeit als alle anderen zellulosischen Chemiefasern und übertrifft mit seiner Trockenfestigkeit die mittlere Baumwollqualität[39].
Neben Lyocell als Fasergattungsnamen, ist die Faser auch als Tencel®, wie sie von dem Haupthersteller Lenzing Group vertrieben wird, bekannt.

2.1.4. Synthetische Chemiefasern

Synthetische Chemiefasern machen mit 59% den Großteil an der Weltfaserproduktion aus. Obwohl für ihre Herstellung weniger als ein Prozent des fossilen Rohstoffs Rohöl benötigt werden[40], besteht ihre Problematik zum Teil auch in der Endlichkeit der Ressourcen.

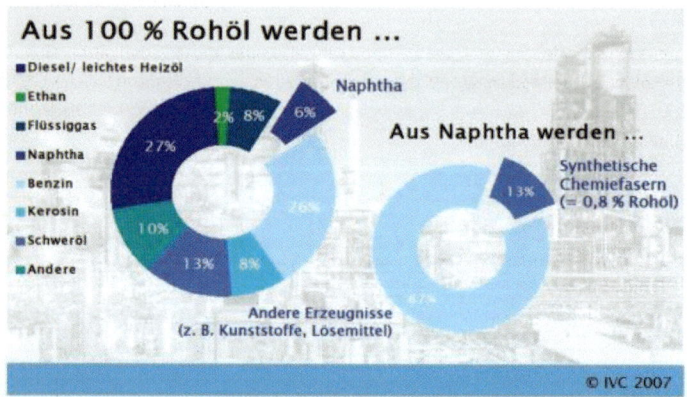

Abb. 2.9.: Anteil des Rohölverbrauchs für synthetische Chemiefasern[41]

Der für ihre Herstellung nötige Energie-, Wasser und Chemikalienbedarf (als Hilfsmittel) ist ebenfalls nicht zu unterschätzen.

Kunstfaser	Markennamen	Grundstoff	Charaketristik
Polyamid	Perlon, Nylon, Nyltest	Caprolactam Benzol	Benzol ist krebserregend
Polyester	Helanca, Vivalon, Diolen, Trevira, Crimplene, Tactesse	Glykol Terephthalsäure	UV-Strahlung geht durch
Polyacryl	Dralon, Orlon, Acrilan	Acrylnitril (aus Propylen und Ammoniak)	Acrylnitril ist gesundheitlich bedenklich
Polypropylen	Meraklon, Propylen, Polycolon		
Elastan/Polyurethan	Dorlastan, Lycra, Alcantara (in Verbindung mit Polyester)	Diisocyanat+Alkohol	Diisocyanate gehören zu den stärksten Allergenen
Polyvinylchlorid (PVC)	Polychlorid/Clevyl, Envion, Leavyl, Rhovyl, Vinyl	Vinylchlorid und Weichmacher Phtalsäureester u.a. DEHP	Vinylchlorid ist ein krebsauslösender Stoff (DEHP als krebsauslösend im Tierversuch nachgewiesen)

Tabelle 2.1.: Die wichtigsten synthetischen Kunstfasern und ihre ökologische Problematik

2.1.4.1. Polyester (PES)

Polyester ist mit einem Anteil von 60% am Chemiefaseraufkommen die mit Abstand wichtigste synthetische Chemiefaser[42].

Bei seiner Herstellung verbindet sich organische Terephtalsäure (Säure) mit Ethylenglykol (Alkohol) zum Diglykolterephtalat, welches durch Polykondensation unter Abspaltung von Wasser zu Polyethylenterephtalat (Polyester) umgewandelt wird[43].

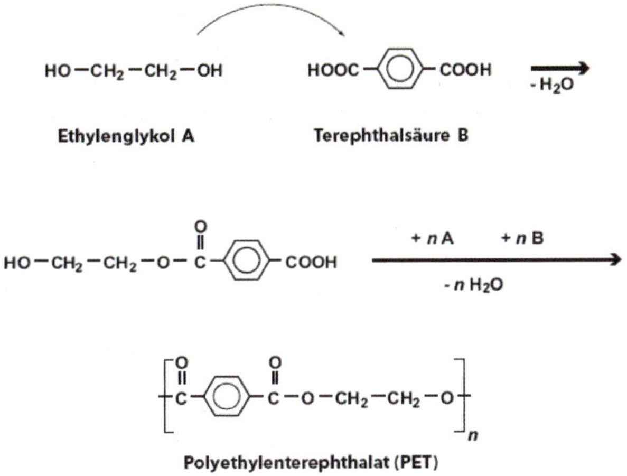

$$HO-CH_2-CH_2-OH \qquad HOOC-\langle\bigcirc\rangle-COOH \quad \xrightarrow{-H_2O}$$

Ethylenglykol A   **Terephthalsäure B**

$$HO-CH_2-CH_2-O-\overset{\overset{O}{\parallel}}{C}-\langle\bigcirc\rangle-COOH \quad \xrightarrow[-n\,H_2O]{+n\,A \quad +n\,B}$$

$$\left[\overset{\overset{O}{\parallel}}{C}-\langle\bigcirc\rangle-\overset{\overset{O}{\parallel}}{C}-O-CH_2-CH_2-O\right]_n$$

Polyethylenterephthalat (PET)

Abb. 2.10.: Synthese einer Polyesterfaser[44]

Im Schmelzspinnverfahren wird das anschließend geschmolzene Granulat ersponnen und verstreckt. Meist werden die entstandenen glatten Filamente zusätzlich texturiert, um ihre Elastizität und Wärmehaltung zu verbessern oder zu Spinnfasern geschnitten[45].

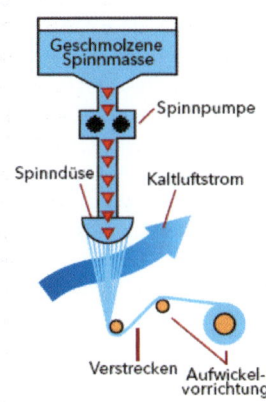

Abb. 2.11.: Schmelzspinnverfahren[1]

Abb. 2.12.: Vergleich texturiertes Filamentgarn (rechts), nicht texturiertes Filamentgarn (links)[1]

Neben den bereits in der Einleitung zu den synthetischen Chemiefasern erwähnten ökologisch bedenklichen Begleiterscheinungen der Faserherstellung (Energie-, Wasser-, Chemikalienbedarf) werden oft auch Hilfsstoffe eingesetzt, die als eindeutig gesundheitsgefährdend eingestuft sind.

So wird bei der Herstellung von Polyester Antimontrioxid als Katalysator eingesetzt[46], obwohl der Stoff in der Liste maximaler Arbeitsplatzkonzentrationen gesundheitsschädlicher Arbeitsstoffe (MAK-Werte) als "eindeutig als krebserregend ausgewiesener Arbeitsstoff" klassifiziert ist[47]. Schwermetallreste (z.B. Antimon), die in das Abwasser gelangen und in der Kläranlage nicht erfasst werden, können sich auch außerhalb der Produktionsstätte gesundheitsgefährdend auswirken und bei Mensch und Tier Krebs auslösen.

2.1.5. Post Consumer Recycling (PCR)

PCR-Produkte stellen eine nachhaltige Alternative zu Produkten aus fossilen Energieträgern dar. Durch die Rohstoffgewinnung aus Abfällen aus Industrie und privaten Haushalten werden durch ihren Einsatz nicht nur endliche Ressourcen wie Erdöl geschont, sondern auch Energie im Herstellungsprozess eingespart und Müll vermieden.

Laut einem Prüfungsbericht des unabhängigen amerikanischen Prüfungsinstitut SCS Oakland Kalifornien können durch den Einsatz von PCR-Fasern jährlich 650.000 Millionen Barrel Erdöl, 240.000 Tonnen Kunststoff und 375.000 Tonnen Emissionen eingespart werden[48].

2.1.5.1. Recyceltes Polyethylenterephthalat (PET)

Im Textil- und Bekleidungsbereich werden momentan nur Produkte nichttextiler Herkunft aus PET nach dem Materialrecycling als Sekundärrohstoffe eingesetzt.

Hierbei besitzen PET-Getränkeflaschen als Hauptrohstofflieferanten im Gegensatz zu PET-Abfällen aus der Faser- und Textilindustrie den ökonomischen Vorteil, dass sie im Recycling sortenrein und ungefärbt vorliegen und somit die Prozesse der Sortierung und Entfärbung entfallen.

Die Aufarbeitung der PET-Abfälle kann entweder chemisch oder physikalisch erfolgen.

Im chemischen Recyclingverfahren wird mit Hilfe von Methanolyse- bzw. Glykolysepozessen das Polyesterpolymer in seine chemischen Monomere zerlegt und anschließend wieder zu Polyester synthetisiert.

Im physikalischen und auch wesentlich kostengünstigeren Recyclingverfahren wird auf das Aufspalten des zu recycelnden PET-Polymers verzichtet. Anstatt dessen werden die PET-Kunststoffflaschen nach sorgfältigem Waschen und Trocknen durch einen Zerkleinerungsprozess größenmäßig vereinheitlicht (PET-Flocken bzw. PET Flakes/Chips) und im Extrusionsprozess eingeschmolzen und anschließend wieder neu versponnen[49].

Abb. 2.13.: PET-Flocken, verpackt[50]

Vor allem im Sport-, Outdoor- und Smart Textile Bereich wird recyceltes PET aufgrund seines ökologischen Vorteils bei gleichbleibender Faserqualität gegenüber neugewonnenem Polyester verstärkt verwendet, obwohl die Herstellung sich momentan noch teurer gestaltet, was sich aufgrund steigender Erdölpreise auf Dauer jedoch ändern könnte. Bevorzugt wird recyceltes PET in der Fleece Herstellung verwendet, da aus PET-Granulat relativ einfach und energieeffizient erneut Polyesterfasern gespritzt werden können.[51]

2.2. Spinnen/Garnherstellung

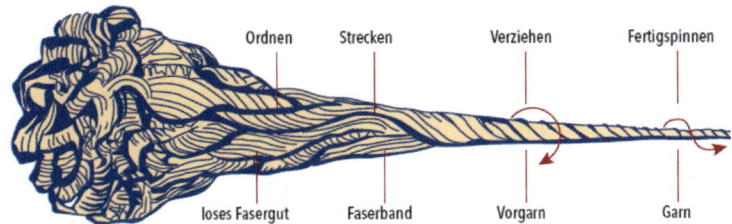

Abb. 2.14.: Mechanik des Spinnens[52]

Um aus den gewonnenen Fasern Garn herzustellen, müssen diese mechanisch gesehen parallelisiert, verstreckt und zusammengedreht werden. Die Fasern sind dabei enormer Reibung ausgesetzt. Um diese herabzusetzen und die Garnqualität zu sichern werden spezielle chemische Hilfsmittel benötigt, die nach dem Spinnvorgang wieder ausgewaschen werden und in das Abwasser gelangen[53].

Hilfs- und Gleitmittel für das Spinnen und Schmälzen bestehen aus Spinnpräparationen, welche das Gleit- und Haftverhalten zwischen Faser und Faser sowie zwischen Faser und Metall bei der Herstellung von Chemiefasern regeln (aus Filamenten -> Primärspinnen). Gleichzeitig dürfen die Präparationen jedoch nicht zur Korrosion des Metalls der Spinnmaschine beitragen und Temperaturen von bis zu 230°C aushalten.

Spinnpräparationen bestehen aus Zubereitungen z. B. aus nichtionischen, anionischen oder kationischen Tensiden (zum Beispiel aus Fettalkohol- oder Fettaminethoxylaten) oder sulfatierten Pflanzenölen, Stearinseifen, Ester- und Siliconölen.

Abb. 2.15.: Fasern und aufgespulte Spinnkopse[54]

Beim Sekundärspinnen, bei welchem sowohl Natur- als auch die Chemiefasern als Stapelfasern vorliegen, werden wie beim Primärspinnen auch etliche Hilfsmittel benötigt:

- Haftmittel bei Chemiefasern, damit der Faden aufgrund der glatten Oberfläche der Fasern nicht auseinanderfällt, meist sulfatierte Pflanzenöle
- Gleitmittel bei Naturfasern, da diese im Gegensatz zu den Chemiefasern eine raue Oberfläche aufweisen, wie z.B. emulgierte Paraffine oder Weißöle
- Schmälzmittel, insbesondere beim Spinnen und Strecken von Wollfasern und Mischungen mit synthetischen Chemiefasern. Bis zu 3% des Warengewichts werden davon aufgebracht

und vermitteln Glätte, Geschmeidigkeit und Anti-Elektrostatik. Schmälzmittel bestehen aus ölig-flüssigen oder pastenförmigen Zubereitungen aus pflanzlichen und tierischen Ölen, Fetten und Mineralölen mit meist nichtionischen Emulgiermitteln[55].

2.3. Textile Flächenerzeugung

Textile Flächen können aus Garnen (Gewebe, Maschenwaren, etc.), aus Fasern (Vliesstoffe, Filze) oder aus einer Kombination aus beidem (Nähgewirke, kaschierte Flächen) hergestellt werden[56]. Die eingesetzten chemischen Mittel besitzen entweder die Zielsetzung die Garne bei der Herstellung zu schützen und zu stärken oder den Faserverbund zusammenzuhalten (Vliesstoffe). Nachfolgend soll detailliert der mit der Herstellung verbundene Einsatz chemischer Substanzen der bedeutendsten textilen Flächen erläutert werden.

2.3.1. Weben

Während des Webvorgangs sind besonders die Kettfäden (Fäden in Längsrichtung) hohen mechanischen Belastungen wie Reiben, Ziehen und Biegen ausgesetzt. Um sie gegen diese Einflüsse widerstandsfähiger zu machen werden sie geschlichtet. Durch die Schlichtemittel werden abstehende Fasern verklebt, Garne insgesamt geglättet und widerstandsfähiger gemacht[57].

Abb. 2.16.: Vorderfach einer Webmaschine: Kettfäden (1), Litzen (2), fertiges Gewebe (3), Schussfaden durch den Schützen eingetragen (4), Riet oder Webkamm (5)[58]

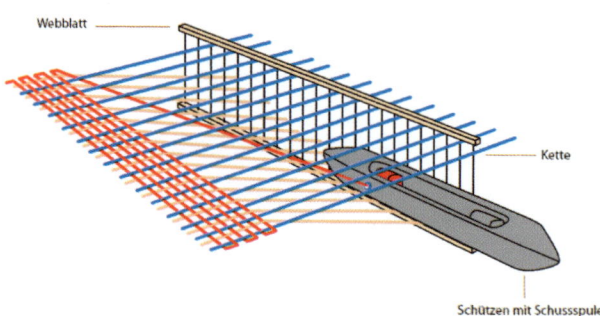

Abb. 2.17.: Prinzip des Schusseintrags[59]

Einteilung der Schlichtemittel in:

> Verklebende Schlichtemittel:
> Natürliche Basis: Stärke und Cellulosederivate
> Synthetische Basis: Polyvinylalkohole und Polyacrylate
>
> Glättende Schlichtemittel:
> Natürliche Basis: Natürliche Fette und Öle wie Fischöl und Rindertalg und Wachse
> Synthetische Basis: Wachse und Paraffine

2.3.2. Stricken/Wirken

Bei der Herstellung von Maschenware werden im Gegensatz zum kreuzförmigen Verbund der Fäden in der Webware ineinander hängende Fadenmaschen erzeugt, die waagerecht nebeneinander sowie

senkrecht übereinander angeordnet sind. Dabei können ein oder mehrere Fäden und eine oder mehrere Nadeln eingesetzt werden. Bei einer getrennten Steuerung der Nadeln spricht man von Stricken, bei der Möglichkeit Nadeln gemeinsam anzusteuern von Wirken.

Die modernen Hochleistungsmaschinen für das Wirken und das Stricken von textilen Flächengebilden stellen dabei hohe Anforderungen an die Beschaffenheit der Garne. Deswegen werden ebenso wie beim Weben Glättungsmittel eingesetzt, um die Gleitfähigkeit und die Geschmeidigkeit der Fäden zu erhöhen. Diese bestehen aus emulgierten Weißölen und Paraffinen, reduzieren die Reibung zwischen den Metallnadeln und den Fasern und sind beständig gegen auftretende Temperaturen[60].

Abb. 2.18.: Zungennadeln einer Strickmaschine[61]

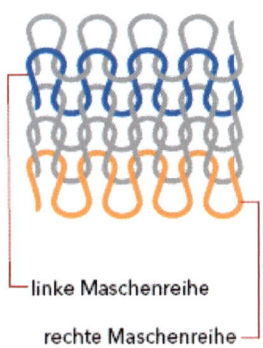

linke Maschenreihe

rechte Maschenreihe

Abb. 2.19.: Schematische Darstellung von links/links
        gestrickter Maschenware[62]

2.3.3. Vliesstoffherstellung

Vliesstoffe sind textile Flächen, die ohne Garnherstellung, Weben oder Wirken erzeugt werden („Non-Wovens" bzw. „Nicht-Gewebtes") und finden in der Bekleidung ihren Haupteinsatz als Einlagestoffe.

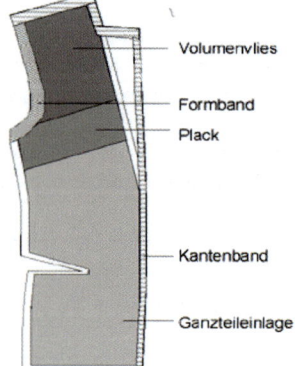

Volumenvlies

Formband

Plack

Kantenband

Ganzteileinlage

Vliesstoffe bestehen aus vielen auf- und nebeneinanderliegenden Fasern, die mit verschiedenen Techniken dauerhaft verbunden werden:

- Mechanische - (Vernadeln)
- Physikalische - (Druckverwirbeln)
- chemische Methoden

Die am häufigsten eingesetzten Verfestigungsmethoden sind das mechanische Verfestigen durch Vernadelung, das Verkleben von Faserschichten durch Binder und das Verschweißen (Verkleben) von Faserlagen, bei welchem ein Kunstharzpulver aufgestreut und durch Zufuhr von Heißluft geschmolzen wird.

Abb. 2.20.: Einsatz von Vliesstoffeinlagen am Beispiel Sakkovorderteil[63]

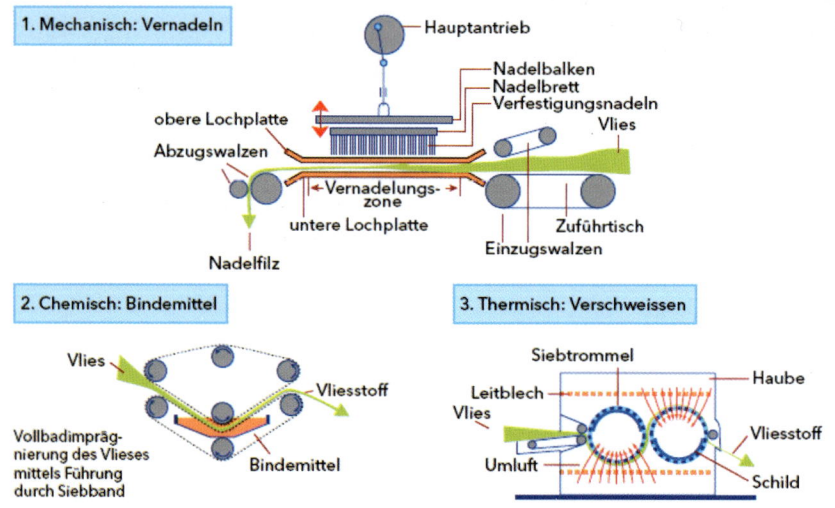

Abb. 2.21.: Die drei Arten der Vliesverfestigung (mechanisch, chemisch, thermisch)[64]

Die am häufigsten verwendeten Binder und Schmelzkleber sind Acrylester wie Acrylnitril-Butadien-Styrol-Copolymerisate (ABS-Binder) und stammen aus der Polymerchemie[65].

2.4. Textilveredlung

Der Bereich der Textilveredlung ist mit einem immensen Chemikalien-, Energie- und Wasser-verbrauch verbunden. Verschiedene Chemikalien wie Textilhilfsmittel (überwiegend organische Substanzen), Textilgrund-chemikalien (anorganische Stoffe, aliphatische organische Säuren, organische Reduktions- und Oxida-tionsmittel sowie Harnstoff) und Farbmittel (Farbstoffe und Farbpigmente) werden von den Veredlungsbetrieben direkt über die öffentliche Kanalisation in die kommunale Kläranlage geleitet.

Obwohl immer noch über einen Teil der am Markt erhältlichen Textilhilfsmittel Unklarheit herrscht, sind die meisten jedoch inklusive ihrer Zu-sammensetzung im Textilhilfsmitel-Katalog verzeichnet.

Die drei Abwasserrelevanzstufen (ARS):

ARS I	wenig abwasserrelevant
ARS II	abwasserrelevant
ARS III	stark abwasserrelevant

Diesen Textilhilfsmitteln sind sogenannte Abwasserrelevanzstufen (ARS) zugeordnet, mit dem Ergeb-nis, dass seit 1997 der Anteil der ARS-III-Produkte um 83% abgenommen und der Anteil der ARS-I-Produkte um 30% zugenommen hat.

Die Abwässer entstehen dabei besonders in den vier Bereichen:

- Textile Vorbehandlung (Waschen, Entschlichten, Abkochen, Bleichen, Mercerisieren, Laugie-ren)
- Färberei (kontinuierlich/diskontinuierlich)
- Druckerei
- Ausrüstung

Da die behandelten Textilien in bestimmten Aggregaten (Spannrahmen) getrocknet und fixiert wer-den, gelangen die eingesetzten Schadstoffe auch in die Abluft. Deswegen regelt und überwacht, zu-sätzlich zu der Abwasserverordnung, die gesetzlich verankerte Technische Anleitung Luft (TA Luft) des Bundesimmissionsgesetzes den Einsatz der Textihilfsmittel.[66]

Gesetzliche Regelungen wie diese sind jedoch selten in v.a. asiatischen Ländern mit der mittlerweile primären Textil- und Bekleidungsproduktion vorhanden. Demzufolge werden dort in Deutschland verbotene Substanzen, die krebserregend, erbgutschädigend oder nicht abbaubar[67] sind, wie z.B. chlororganische Färbebeschleuniger oder bestimmte Tenside mit einer erhöhten aquatischen Toxizi-tät, weiterhin eingesetzt.

Vor allem kritische Ausrüstungschemikalien, die nicht aus dem Kleidungsstück ausgewaschen wer-den, können bei den Verbrauchern nicht nur Allergien hervorrufen sondern im schlimmsten Fall auch kanzerogene Auswirkungen zur Folge haben.

Prozess	Abwasser	Abluft
Entschlichten/Vorbehandeln	Schlichtemittel, vorbehandeln in der Waschflotte	Halogenisierte Lösungsmittel
Waschen	Laugen, Tenside in der Waschflotte	
Mercerisieren	Natronlauge (meist im Kreislauf geführt)	
Bleichen	Chlorhaltige Waschflotte	
Färben/Drucken	Farbstoffe, Färbereihilfsmittel, Schwermetalle	Carrier, Lösemittel, Essigsäure
Chemische Ausrüstung	Appreturen, Chemikalienreste, Lösemittel in der Abwasserflotte	Lösemittel, Restmonomere
Trocknen/Fixieren		Veredlungschemikalien, Reaktions- und Zersetzungsprodukte (Formaldehyd)

2.4.1. Vorbehandlung

Damit bei der Veredlung ein einheitliches Warenbild entsteht und die Farbe gleichmäßig aufzieht , müssen die textilen Flächen vor der weiteren Verarbeitung gründlich gereinigt , von Fremdstoffen (Kapselresten, Entlaubungsmitteln, Wollfett, Präparationen, Schlichtemittel) befreit und für den Färbevorgang vorbereitet werden[69]. Die Textilvorbehandlung ist mit erheblicher Wasserbelastung verbunden. Nicht nur die Menge an Wasser, die dabei eingesetzt wird, ist kritisch zu bemängeln, sondern auch die Menge an chemischen Mitteln, die bei der Vorbehandlung ins Abwasser gelangen[70].

2.4.1.1. Entschlichten

Beim Entschlichten wird der Schutzfilm (Schlichte), der vor dem Webvorgang auf die Faser aufgebracht wurde, möglichst faserschonend entfernt, um den harten Griff der textilen Fläche zu beseitigen und ein besseres Netz- und Durchfärbeverhalten zu erhalten. Fast die Hälfte der Abwasserfrachten von Textilbetrieben entfallen dabei auf Schlichten[71]. Zusätzlich tragen sie mit 50-80% zur CSB-Belastung (Chemischer Sauerstoff Bedarf) des Abwassers in der Textilindustrie bei[72].

Schlichtemittel wie Stärke, höhere Alkohole, Polyvinylacetate, Polyacrylate oder Cellulosederivate werden durch folgende Methoden entfernt:

- hydrolytisch: mit Säuren
- oxidativ: mit Persulfaten
- enzymatisch: bei Stärkeschlichten
- mechanisch: bei wasserlöslichen Schlichten durch Waschen mit heißem Wasser

Die synthetischen Schlichtemittel, vor allem Polyvinylalkohol (PVA)), sind aufgrund ihrer schlechten Löseeigenschaften in Wasser (Assoziatbildung durch Wasserstoffbrücken) entweder nicht oder nur unter bestimmten Bedingungen biologisch abbaubar. In der Regel werden sie in der Kläranlage an den Klärschlamm gebunden und anschließend deponiert oder thermisch entsorgt[73].
In modernen Textilveredlungsbetrieben besteht mittlerweile die Möglichkeit des Schlichtemittelrecyclings.

Kreislauf beim Schlichten mit der Option des Recyclings[74]

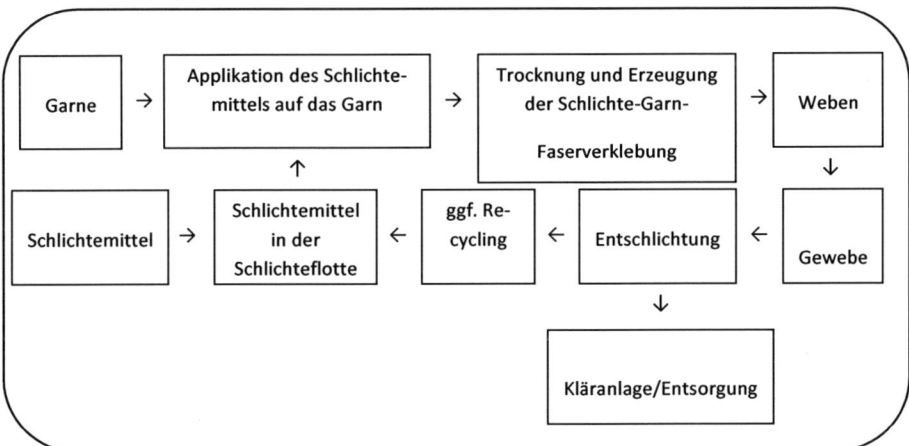

Die schlechte Abbaubarkeit der synthetischen Schlichtemittel aufgreifend, hat das Institut für Textil- und Verfahrenstechnik Denkendorf an einem Projekt zur Entwicklung von hocheffizienten, biologisch abbaubaren Schlichtemitteln auf der Basis von Chitosan, einem Biopolymer, welches aus Chitin gewonnen wird, gearbeitet. Testversuche in der Praxis haben gezeigt, dass bei Einsatz von Chitosan in Kombination mit Baumwollgewebe nicht nur ein ökologischer sondern auch einen erheblicher ökonomischer Vorteil gewonnen werden kann[75].

2.4.1.2. Reinigen

Fettige, ölige oder wachsartige Faserbegleitstoffe, pflanzliche Verunreinigungen und Schmutz werden durch geeignete Waschmittel abgelöst und im Waschbad gebunden.
Die Reinigung erfolgt bei Cellulosefasern mit Hilfe von Laugen, bei Wolle mit Hilfe von Säuren (Salzsäure oder Schwefelsäure)[76].

2.4.1.3. Bleichen

Die meisten Fasern sind von Natur aus gelb, beige oder braun[77]. Deshalb werden beim Bleichen die farbigen Naturpigmente durch Reduktion oder Oxidation zerstört, um bei den textilen Flächengebilden einen einheitlichen und maximalen Weißgrad und eine höchstmögliche Hydrophilie (zur Verbesserung der Ergebnisse der folgenden chemischen Vorgänge wie Färben und Drucken) bei bester Faserschonung zu erreichen[78].

Die meistverwendete Substanz beim Bleichen ist Wasserstoffperoxid, da diese im Vergleich zu Chlor- bzw. hypochlorithaltigen Bleichmitteln erheblich umweltverträglicher ist und das Abwasser nur minimal mit halogenorganischen Verbindungen belastet[79].

In Spezialfällen beim Bleichvorgang wird auf Persäuren, Natriumchlorit oder auf schwefelhaltige Bleichmittel zurückgegriffen.

Chlor- bzw. hypochlorithaltige Bleichmittel belasten das Abwasser mit halogenorganischen Verbindungen, die über die in Deutschland zugelassenen AOX-Werte (adsorbierbare organische Halogenverbindungen) von derzeit 100 Mikrogramm je Liter hinausgehen und dürfen deswegen nicht mehr eingesetzt werden.

Falls die Bleichwirkung von Peroxid nicht zufriedenstellend ausfällt, werden zusätzlich optische Aufheller eingesetzt, die den natürlichen Gelbstich verdecken, indem sie den Ultraviolett-Anteil des Lichts adsorbieren und nach chemischer Reaktion einen zusätzlichen Anteil an blauem Licht ausstoßen, mit welchem sie den Gelbanteil überdecken und somit das Textil für den Betrachter strahlend weiß erscheinen lassen.

Optische Aufheller lassen sich in Kläranlagen nicht biologisch abbauen, wodurch sie durch den Menschen neben dem direkten Tragen des Textils auf der Haut auch über Wasseraufnahme aufgenommen werden können und Allergien und Hautkrankheiten auslösen. Ökologisch arbeitende Textilhersteller verzichten deshalb auf ihren Einsatz[80].

In den modernen Textilveredlungsbetrieben werden Reinigung und Bleichen in einem Prozessschritt vollzogen[81].

2.4.1.4. Mercerisieren

Textilen Erzeugnissen aus Zellulosefasern, v.a. Baumwolle, wird durch das nach seinem Erfinder John Mercer benannte Verfahren ein dauerhafter Glanz verliehen. Die dabei erzielte Veränderung der Struktur der Faser (höhere Orientierung der Moleküle) hat eine verbesserte Kristallstruktur der Faser[82] zur Folge, wodurch die Stoffe zusätzlich fester und dichter werden und die Saugfähigkeit und die Aufnahmefähigkeit für Farbstoffe steigt.

Die Mercerisation erfolgt durch Behandlung mit hoch konzentrierter Natronlauge unter hoher Zug-spannung und anschließendem Neutralisieren mit Säure. Zwar werden heute 60% der Mercerisier-laugen recycelt, der Wasserverbrauch und die Abwasserbelastung durch die Natronlauge sind jedoch erheblich[83].

2.4.2. Färben

Die Textilindustrie ist mit 500 000 bis 600 000 Tonnen chemischer Farbstoffe der weltweit größte Abnehmer der Farbstoffindustrie[84]. Doch neben den eigentlichen Farbstoffen werden für den Vor-gang des Färbens weitere Färbereihilfsmittel wie Farbstofflösemittel und hydrotrope Mittel, Dispergiermittel, Schutzkolloide, Netzmittel, Egalisiermittel, Färbebeschleuniger und Nachbehand-lungsmittel benötigt.[85] Da fast jeder Rohstoff einen anderen Faseraufbau, sowohl physikalisch als auch chemisch, besitzt, ist die Liste der auf die Rohstoffe abgestimmten Farbstoffklassen ebenfalls lang[86]. Zusätzlich dazu sind die zwei am häufigsten eingesetzten Färbeverfahren, das Ausziehverfah-ren und das Klotzverfahren, äußerst wasserintensiv.

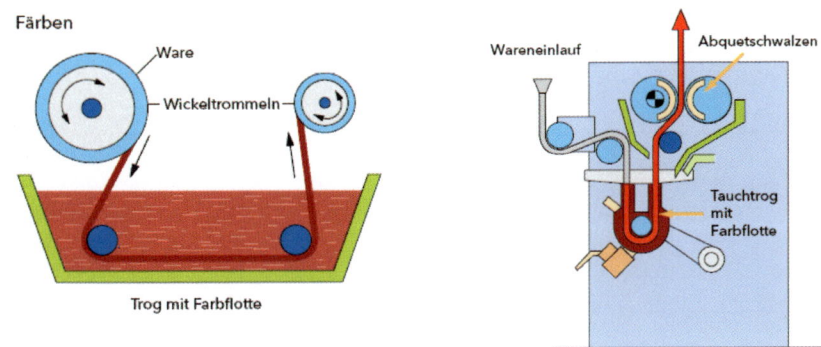

Abb. 2.22.: Ausziehverfahren im Jigger[87]   Abb.2.23.: Typisches Klotzfärbeverfahren im Foulard[88]

So besteht die ökologische Problematik auch hier in den Chemikalien selbst, im hohen Wasser- und Energiebedarf als auch im Abwasser und der Abluft.
Einige der in der nachfolgenden Tabelle aufgeführten Farbstoffe beinhalten Azofarbstoffe (pink ein-gefärbt), von welchen bekannt ist, dass nach der Spaltung mutagene aromatische Amine entstehen können. Der Einsatz von Farbstoffen, bei denen derartige Amine freigesetzt werden, ist bei Textilien gesetzlich verboten (nach Lebensmittel- und Futtermittelgesetzbuch (LFGB) §2 (6) Nr.6, Bedarfsge-genständeverordnung).
Ein von der ETAD (Ecological and Toxicological Association of Dye and Organic Pigment Manufactu-rers) 2003 durchgeführtes Projekt zur Identifikation sensibilisierender Farbmittel ergab, dass an ers-ter Stelle Dispersionsfarbstoffe für Hauterkrankugen verantwortlich gemacht werden können.

Chemische Klasse	Color-Index-Name
Antrachinone	Dispersionsrot 11, 15
	Dispersionsblau 1, 3, 7, 26, 35
Azo-Farbstoffe	Dispersionsrot 1, 17
	Dispersionsblau 102, 124
	Dispersionsorange 1, 3, 76
Nitro-Farbstoffe	Dispersionsgelb 1, 9
Methine	Dispersionsgelb 39, 49
Chinoline	Dispersionsgelb 54, 64
Triphenylmethane	Acid Violet 17
Andrere	Chromate

Tabelle 2.2.: Allergene Textilfarben[89]

Kritisch ist dabei anzumerken, dass obwohl europaweit der Einsatz etlicher Farbstoffe (u.a. Dispersionsblau 1. Dispersionsblau 35, Dispersionsblau 106, Dispersionsblau 124, Dispersionsgelb 3, Dispersionsorange 3, Dispersionsorange 37/76 und Dispersionsrot 1) verboten ist, sie trotzdem weiterhin in Tests aufgespürt werden, weswegen diese Farbstoffe u.a. auf die Prioritätenliste des Öko-Tex 100 gesetzt wurden[90].

Farbstoff	Anwendungsgebiet	Färbevorgang	Echtheit
Direktfarbstoff (Substantiv-farbstoff)	Baumwolle, Viskose, Seide	Der Farbstoff zieht direkt auf die Faser auf	In der Regel geringe Licht-, Wasch-, und Schweißecht-heit. Kann durch Nachbe-handlung verbessert wer-den.
Reaktivfarbstoff	Baumwolle, Viskose, Wolle, Seide	Der Farbstoff geht mit der Faser eine chemische Verbindung ein.	Hohe Echtheiten.
Küpenfarbstoff	Baumwolle, Viskose	Der wasserlösliche Farbstoff wird durch Reduktion in der Küpe gelöst. Nach der Färbung wird er dann durch Oxidation wieder in einen unlöslichen Farbstoff umgewandelt.	Sehr hohe Wasch-, Chlor-, Koch-, Licht-, Wetter-, Reib- und Schweißechtheiten.
Schwefel-farbstoff	Baumwolle, Leinen	Vgl. Küpenfarbstoff	Waschechtheit, nicht licht- und chlorecht. Nur stumpfe Farbtöne.
Entwicklungs-farbstoff	Baumwolle, Viskose, Polyester	Zwei verschiedene Chemikalien ent-wickeln sich auf der Faser zum Farb-stoff.	Gute Echtheiten.
Metallkomplex-farbstoff	Wolle, Polyamid, Polyester	Wasserunlöslich; die Farbpartikel werden dispergiert, d.h. gleichmäßig in der Farbflotte verteilt.	Gute Echtheiten.
Säurefarbstoff	Wolle, Seide, Poly-amid	Anfärbung in saurer Flotte.	Je nach Farbstoffaufbau und Rohstoff unterschiedli-che Echtheiten.
Dispersions-farbstoff	Acetat, Polyester, Polyamid	Die Farbpartikel sind in der Flotte dispergiert und werden in das Faser-innere aufgenommen ("lösen" sich in der Faser.)	Gute Echtheiten.
Basische und kationische Farbstoffe	Polyacryl (PAN), Baumwolle, Viskose	Anfärbung durch basische Reaktion. Bei PAN gehen die Farbstoffe eine chemische Verbindung mit der Faser ein.	Bei Polyacryl sehr gute Echtheiten, sonst geringe Echtheiten.
Chrombeizen farbstoff	Wolle, Synthese-fasern	Die Farben werden auf der Faser mit Metallsalzen in einen wasserunlösli-chen Lack umgewandelt.	Geringe Reinechtheit, sonst gute Echtheiten.
Pigment-farbstoffe	Alle Faserarten	Kondensationspigmente werden mittels Bindemittel und Verdi-ckungsmittel auf die Faser aufge-bracht.	Geringe Echtheiten.

Tabelle 2.3.: Farbstoffe und ihre Abhängigkeit vom Rohstoff[91]

2.4.3. Drucken

Definitionsbedingt liegt der Unterschied im Drucken zum Färben darin, dass Stoffe mit mehreren Farben lokal angefärbt werden. Die ökologische Problematik rührt jedoch aus ähnlichen Ursachen, worunter besonders die Wasserbelastung zu nennen ist.

Neben Farbstoffen werden beim Textildruck Textilhilfsmittel und Textilveredelungsmittel wie z.B. Binder, Druckverdickungsmittel, Lösemittel, Dispergiermittel, Oxidations- und Reduktionsmittel, Faserschutzmittel, Fixierbeschleuniger, Aufhellungs- und Abziehmittel eingesetzt. Da all diese Mittel beim Druckvorgang nicht zu 100% auf die Faser aufziehen (der Fixierbetrag schwankt zwischen 40% und 80%), gelangen sie beim Auswaschen der bedruckten Gewebe oder beim Reinigen der Druckschablonen ins Abwasser, von wo aus diese nur schwer entsorgt werden können.

Druckpastenreste, in denen hohe Konzentrationen dieser Chemikalien und Hilfsmitteln enthalten sind, sollten daher zu jeder Zeit, wenn möglich, wiederverwertet oder akkurat entsorgt werden[92].

Für kleine Serien bietet sich als ökologische Lösung der wasserfreie Inkjet-Druck an (s.a. 4.4. "Inkjet-Druck").

2.4.4. Ausrüstung

Die Ausrüstung oder auch Appretur oder Finish stellt innerhalb der Textilveredlung ein Aufgabengebiet dar, in welchem durch Veränderung der Textiloberfläche eine Verbesserung der Trageeigenschaften und Pflegeeigenschaften erreicht werden soll. Generell ist zwischen der Trockenappretur und der Nassappretur zu unterscheiden. So werden die gewünschten Effekte bei der Trockenappretur physikalisch und bei der Nassappretur chemisch erreicht[93], weswegen im folgenden aus umweltproblematischen Gründen, welche wären Chemikalien-, Wasser- und Energiebedarf, nur auf letzteres eingegangen werden soll.

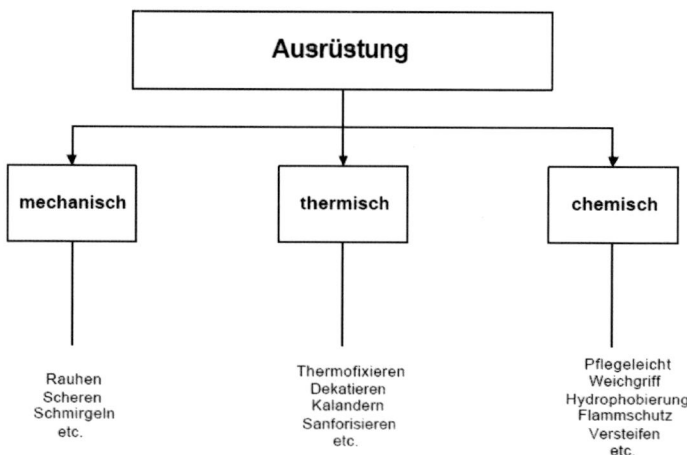

Abb. 2.24.: Ausrüstungsverfahren[94]

In der chemischen Ausrüstung werden die jeweiligen Textilhilfsmittel mittels Auftragsverfahren auf das Textil appliziert. Daran anschließend erfolgt ein Trocknungsprozess oder die Kondensation an einem Spannrahmen, um die Ausrüstung zu fixieren. Neben hochkonzentrierten Restflotten, welche in der Regel eine geringe biologische Abbaubarkeit besitzen, wird die Ausrüstung ebenfalls durch Emissionen, verursacht durch flüchtige Substanzen, in der Abluft problematisiert.

Abb. 2.25.: Spannrahmen[95]

Vor allem der Einsatz von Formaldehyd, welches in zahlreichen Ausrüstungsvorgängen (z.B. in der Pflegeleicht-Ausrüstung und beim Fixieren) verwendet wird, ist aufgrund der nachgewiesenen Giftigkeit des Gases umstritten. Neben Hautätzungen und Kontaktallergien, kann es, wenn es eingeatmet oder verschluckt wird, lebensgefährliche Schäden verursachen. In Deutschland besteht deswegen eine Kennzeichnungspflicht für alle Textilien, deren Formaldehyd-Gehalt 0,15 % übersteigt[96]. Doch auch der Formaldehyd-Ersatzstoff Glyoxal gilt als giftig und nierenfunktionsschädigend[97].

Allerdings beinhalten auch andere Ausrüstungsverfahren kritische Inhaltsstoffe.

Antimikrobielle Ausrüstung ist durch die Verwendung von Schwermetallen nicht nur äußerst umweltbelastend sondern auch gefährlich für den Menschen. Die u.a. eingesetzten organischen Zinnverbindungen sind über ihre hautreizende Eigenschaft hinaus im Tierversuch nachgewiesen hirn- und nervenschädigend[98]. Gleichzeitig wird der Einsatz antimikrobieller Alltags- und Sportbekleidung kritisch hinterfragt, da sie vor allem bei Kindern zu einer schwächeren Ausprägung des Immunsystems führt und generell eine Resistenzentwicklung von Mikroben begünstigt[99].

Ökologisch bedenklich ist ebenfalls die Filzfrei-Ausrüstung von Wolle mit Chlor und Polyamid-Kunstharzen. Abgesehen von der Umweltbelastung durch Chlor enthalten die eingesetzten Polyamid-Kunstharze 1,5% bis 1,8% krebserregende Dichlorpropanole. Als Alternative dazu kann das Enzym-Verfahren, bei welchem mit Walzen eine enzymatische Flüssigkeit auf die Wolle aufgebracht wird, welche die Faserquellung verhindert, gesehen werden, da es weder für die Umwelt noch für den Menschen eine Gefahr darstellt[100].

Umweltbelastend ist jedoch auch die eigentlich zu den physikalischen Verfahren zählende Used-Look Ausrüstung, da neben dem gewaltigen Ressourcenverbrauch an Bimssteinen und Sand bei der Denimwäsche auch chlorhaltige Mittel und Weichmacher eingesetzt werden, die eventuell im Textil zurückbleiben können und das Abwasser belasten[101].

Verfahren	Vorgang und Zweck	Eingesetzte Substanzen (Beispiele)
Pflegeleicht-Ausrüstung "Wash and Wear"	Durch Tränken des Textils in Vernetzerlösungen, wird die Wasseraufnahme und Quellung der Fasern herabgesetzt, wodurch das Textil knitterarm, formstabiler, waschfest und leichter bügelbar wird und schneller trocknet.	Harnstoff, Glyoxal, Formaldehyd
Flammhemmende Ausrüstung	Schutzbekleidung z.B. für Feuerwehrleute oder Gießereiarbeiter wird mithilfe flammhemmender Ausrüstung schwer entflammbar bzw. nicht brennbar gemacht.	k.A.
Weichgriff-Ausrüstung	Erhöht die Geschmeidigkeit textiler Materialien	Dispersionen von Fetten, Ölen, Wachsen, Paraffinen; Emulsionen von Siliconölen, Polyethylendispersionen
Griffgebende Ausrüstung (Füllen, Versteifen)	Beeinflussung des Textilgriffes	Stärke, Kunstharze (s. Pflegeleicht-Ausrüstung)
Hydrophob- und Oleophob-Ausrüstung	"Soil repellant" ist der Oberbegriff und bezeichnet im Allgemeinen die Fähigkeit Schmutz abzuweisen. Durch Hydrophobieren wird der Stoff wasserabweisend (Imprägnieren), durch Oleophobieren fettabweisend.	Fluorcarbonharze; metallsalzhaltige Paraffinemulsionen, Silicone
Antimikrobielle Ausrüstung	Verhindert die Vermehrung von Mikroorganismen.	Tetraalkylammoniumverbindungen
Filzfrei-Ausrüstung	Textilien aus wollreichen Mischungen werden durch Erweichen der Schuppenkante auf oxidativem Wege oder durch Umhüllen der Schuppenschicht mit einem Kunstfilm waschmaschinenfest gemacht.	Polyamid-Überzug, Enzyme (Proteasen)
Fraßschutz/Repellents	Mottensichere Ausrüstung bei Wollwaren	Pyretroide
Antistatische Ausrüstung	Verhindert elektrostatische Aufladung von synthetischen Fasern durch Reibung beim Tragen.	Phopsphorsäureester, Kliumsalze niedermolekularer Carbonsäuren (z.B. Kaliumformiat)
Hydrophilieren	Synthetische Fasern werden saugfähiger.	Polyacrylate, Polyamid-Derivate.

Tabelle 2.4.: Wesentliche Ausrüstungsverfahren[102]

2.4.5. Arbeitsplatzgrenzwerte (AGW)

Der Bereich der Textilveredlung ist mit einem immensen Einsatz von Chemikalien überschattet, welchem an erster Stelle die Beschäftigten in der Textilverdlungsindustrie ausgesetzt sind. Zu ihrem Schutz besteht der Arbeitsplatzgrenzwert (AGW), welcher nach § 3 Abs. 6 der Gefahrstoffverordnung (GefStoffV) angibt, bei welcher Konzentration eines Stoffes keine akuten oder chronischen schädlichen Auswirkungen auf die Gesundheit im Allgemeinen zu erwarten sind. Zu den AGW, welche vom Ausschuss für Grenzwerte vorgeschlagen werden, zählen u.a. auch die MAK-Werte (Maximale Arbeitsplatzkonzentration)[103].

Im Detail definieren sie die höchstzulässige Konzentration eines Arbeitsstoffes als Gas, Dampf oder Aerosol in der Luft am Arbeitsplatz, die nach gegenwärtigem Kenntnisstand auch bei langfristiger, täglich achtstündiger Exposition die Gesundheit der Beschäftigten nicht beeinträchtigt. Darüber hinaus werden die Arbeitsstoffe entsprechend ihrer krebserzeugenden, keimzellmutagenen, fortpflanzungsgefährdenden, sensibilisierenden oder hautresorptiven Wirkung klassifiziert[104].

Ausgedrückt werden die MAK-Werte bei Gasen und Dämpfen in Volumenteilen pro Million Teile Luft (ml/m³, englisch: ppm = parts per million) sowie in mg/m³ Luft und bei Schwebestoffen in mg/m³ Luft[105].

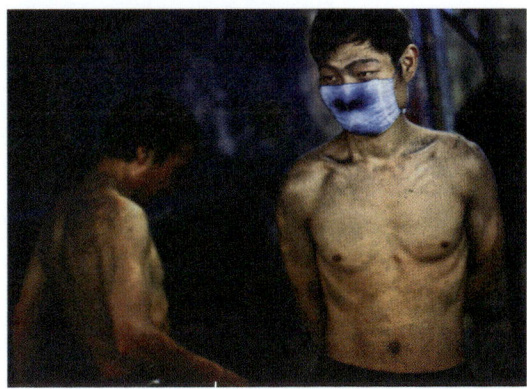

Abb. 2.26.: Mundschutz vor Staub verursacht durch Abschleifen von Jeans (China); der darin enthaltene Farbstoff Indigo wird als reizend und keimtötend eingestuft[106]

2.5. Konfektion

Der Großteil der Konfektion wird heutzutage kostengünstig als passive Lohnveredlung (PLV) im Ausland durchgeführt.

Einfuhr		Ausfuhr	
Insgesamt	7 508	Insgesamt	3 938
darunter aus:		darunter aus:	
EU	1 833	EU	2 993
China	1 687	Österreich	680
Türkei	1 221	Niederlande	519
Bangladesch	409	Frankreich	417
Rumänien	400	Schweiz	376
Italien	357	Russland	163

Tabelle 2.5.: Der deutsche Außenhandel mit Bekleidung im 1. Halbjahr 2005[107]

Die Umweltrelevanz der in dem Bereich der Konfektion durchgeführten Arbeitsgänge wie Zuschneiden, Nähen und Bügeln ist im Vergleich zu den textile Veredlungsverfahren vernachlässigbar. Viel größer als ökologische, sind in diesem Bereich die sozialen Bedenken bezogen auf die Arbeitsbedingungen in den Fabriken.

Ökologischen Bedenken hingegen gründen hauptsächlich darin, dass die dort vorherrschenden niedrigen Umweltschutzrichtlinien zum Anlass genommen werden, die hier praktizierte Produktionsökologie im Ausland zu vernachlässigen.

Um dies zu vermeiden, sollten daher die Bekleidungsherstellungsvorgänge Zuschneiden, Nähen und Bügeln kontinuierlich auf ihre ökologischen Belastungen hin überprüft werden. Da in der Konfektion verglichen kaum Chemikalien eingesetzt werden, liegt die Hauptarbeit in der Ressourceneinsparung. Eine optimierte Organisation des Zuschnitts und der Näh- und Bügelplätze kann zu erheblichen Energie-, Wasser- und Materialeinsparungen führen und der trotzdem anfallende schnittbildbedingte Materiaverlust recycelt werden.

Generell sollten energiesparende und umweltschonende Techniken/Maschinen und Produktionsabläufe vorgezogen werden, der Materialverbrauch möglichst gering gehalten und Zusatzstoffe und Hilfsmittel auf ihre Zusammensetzung überprüft werden.

2.5.1. Ökologische Verantwortung bei der Lieferantenauswahl

Gerade die Distanz der Konfektionäre zu den Produktionsstätten macht funktionierende Umwelt- und Qualitätsmanagementsysteme unabdingbar.

Im Rahmen von Umweltmanagementsystemen wie EMAS (Eco-Management and Audit Scheme) und ISO/EN ISO 14001 können Lieferanten und Betriebe dazu verpflichtet werden eine Umwelterklärung abzugeben, in welcher umweltrelevante Tätigkeiten und Daten zur Umwelt, wie Ressourcen- und Energiebedarf, Emission, Abfälle etc. genau darstellt werden. Die Validierung dieser Erklärung erfolgt durch unabhängige Umweltgutachter, welche die Betriebe in regelmäßigen Abständen überprüfen[108].

Durch die Auswahl validierter Lieferanten können Konfektionäre also einen großen ökologischen Beitrag leisten.

	EMAS	DIN EN ISO 14001
Rechtsstatus	gesetzlich im EU-Recht geregelt	privatwirtschaftliche Vereinbarungen, Normen
Räumlicher Geltungsbereich	EU und assoziierte Länder	weltweit
Zeitlicher Geltungsbereich	Aktualisierung der Umwelterklärung jährlich (für kleine und mittelständische Unternehmen (KMU) alle 3 Jahre)	keine Vorgabe
Systemgrenze bzw. zu validierende oder zertifizierende Einheit	Standort unter Kontrolle einer Organisation	Organisation oder Teile einer Organisation (Gesellschaft, Körperschaft, Betrieb, Behörde, ...)
Ziel der kontinuierlichen Verbesserung	- Managementsystem - Umweltleistung bzgl. des betrieblichen Umweltschutzes	- Managementsystem
Begutachtungsverfahren	Validierung durch zugelassene Umweltgutachter / Umweltgutachterorganisation (Deutsche Akkreditierungs- und Zulassungsgesellschaft für Umweltgutachter (DAU))	Zertifizierung durch Zulassungsgesellschaft (Trägergemeinschaft für Akkreditierung (TGA))
Überwachung der Gutachter	durch die DAU GmbH, jeder Umweltgutachter alle 2 Jahre	durch die TGA GmbH, jede Zertifizierungsstelle jährlich
Arbeitnehmerbeteiligung	verbindliche Beteiligung der Arbeitnehmer und auf Antrag ihrer Vertretungen	unverbindliche Beteiligung
Information der Öffentlichkeit	Veröffentlichung einer Umwelterklärung vorgegeben	Veröffentlichung zur Umweltpolitik verlangt
Teilnahmebestätigung	Begutachtungsurkunde, Eintragung in EMAS-Verzeichnis	ISO-Zertifikat
Logo	EMAS Performance, Credibility, Transparency	/

Tabelle 2.6.: Wesentliche Unterschiede zwischen EMAS und ISO-Norm[109]

2.5.2.CAD optimierter Zuschnitt

Im Bereich des Zuschnitts, angefangen von der Schnittentwicklung bis zum endgültigen Stoffzuschnitt, entsteht ein Materialverschnitt, der durch moderne CAD-Systeme und Zuschnittanlagen, wenn nicht ganz vermieden, doch optimiert werden kann.

Neben der Schnittbilderstellung kann der Materialausnutzungsgrad auch durch die Ausweitung des Programms auf Planungsprozesse (Stoffanforderungen, Erstellung alternative Planungslösungen) erheblich gesteigert werden.

Die Nutzung des UN/EDIFACT (United Nations Electronic Data Interchange For Administration, Commerce and Transport) Standards ermöglicht einen fehlerfreien elektronischen Datenversand zwischen Entwicklung und Produktionsstandort, aufgrund welchem auf Schnittbilder in Papierform verzichtet werden kann.

Durch den Einsatz vollautomatisierter Zuschnittanlagen kann neben dem Verzicht auf die Schnittbildlage Material auch durch die Nutzung von Lasercuttern oder Wasserstrahl-Technologie geschont werden, da hierbei kein Klingenverschleiß entsteht.

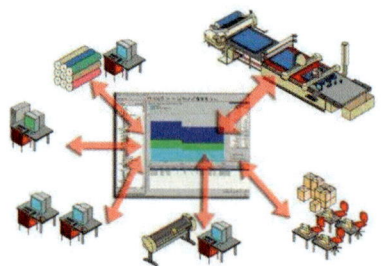 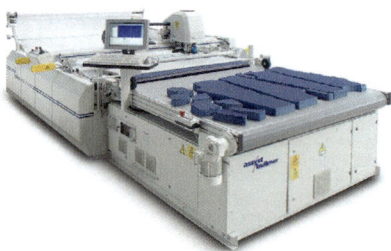

Abb. 2.27.: Schnittstellen eines CAD-Programms[110]   Abb. 2.28.: Hochlagen-Textilcutter[111]

2.5.3. Zusatzstoffe/Hilfsmittel

In der Konfektion werden Oberstoffe mit Futterstoffen, Einlagestoffen, Reißverschlüssen, Nieten, Gürtelschnallen, Knöpfen, Knebeln, Nähgarnen, Zugbändern, etc. zusammengefügt. Die ökologischen Anforderungen an diese Zusatzstoffe und Hilfsmittel sollten nicht minder wichtig sein.

Futterstoffe und Einlagestoffe sollten gleichermaßen wie Oberstoffe nach ihrem Rohstoff und ihrer weiteren Verarbeitung ausgewählt werden. Der Einsatz von Bleichmitteln, Farbstoffen, Formaldehyd, etc. sollte dabei kritisch in Betracht gezogen werden.

Die ökologische Herstellung spielt auch bei Zubehör und Accessoires eine große Rolle. Wenn möglich sollten Naturmaterialien als Rohstoff eingesetzt werden.

Bei Knöpfen und Knebeln besteht hierbei eine große Auswahl zwischen Steinnuß, recyceltem Glas, Holz, Taguanu, recyceltem Silber, Korkgranulat, Kokosnuss, Rinderhorn, Rinderbein und Perlmutt.

Ebenso sollte die Erwägung angestellt werden, ob Zugbänder aus der Kunstfaser Elasthan, aus Naturgummi oder aus Kautschuk eingesetzt werden

Bei Nähgarnen spielt nicht der Rohstoff, sondern das Färbeverfahren die gewichtigere Rolle (s.a. Abschnitt "Färben").

Bei Reißverschlüssen, Nieten, Gürtelschnallen und anderen Metallteilen sollte auf Galvanisieren, als Oberflächenbehandlung zur Veredlung von Metallteilen und zum Schutz vor Korrosion, verzichtet werden. Die dabei freiwerdenden schwer abbaubaren Metall-, Salz- und Säurerückstände gelangen in das Abwasser und belasten den Klärschlamm, falls sie nicht zurückgewonnen werden können. Ebenso ist der Einsatz von nickelhaltigen Metallteilen zu überdenken. Da z.B. einer Studie nach 4,5 Millionen Bundesbürger eine Nickelallergie besitzen[112], besteht einer EU-Richtlinie zufolge eine Kennzeichnungspflicht für nickelhaltige Artikel, besonders wenn diese in Hautkontakt treten, wie z.B. bei BH-Schließen, Jeansknöpfen, etc.[113].

2.6. Handel und Vertrieb

Der Weg von der Industrie zum Handel und vom Handel zum Käufer ist die Ökologie betreffend neben der Fragestellung wie die Distribution und insbesondere der Transportmitteleinsatz gestaltet werden kann, vor allem durch die ökologische Bedenklichkeit von Transport- und Verkaufsverpackungen gekennzeichnet.

Obwohl durch das immer stärkende Verbraucherbewußtsein für Umweltfragen und rechtliche als auch industrielle Initiativen der Verpackungsge- und verbrauch stetig sinkt, bleiben Verpackungen jeglicher Art jedoch nicht unvermeidlich.

2.6.1. Transportverpackungen

Laut der Verpackungsverordnung § 3 Abs. 4 werden Transportverpackungen als Verpackungen definiert, die den Transport von Waren erleichtern, die Waren auf dem Transport vor Schäden bewahren oder die aus Gründen der Sicherheit des Transportes verwendet werden und beim Vertreiber anfallen. Der größere Kontext der Verordnung liegt jedoch in der Reduzierung von Verpackungen allgemein, woraufhin seit 1991 der Handel und seit 1998 auch Hersteller und Vertreiber zur Rücknahme von Verpackungen verpflichtet sind. Auf dieser Inpflichtnahme basierend funktionieren in Deutschland auch die flächendeckenden Sammel- und Entsorgungssysteme, worunter das Duale System Deutschland ("Der Grüne Punkt"), das seit 1993 existiert, wohl das bekannteste ist[114].

2.6.1.1. Mehrwegverpackungen

Wie in allen anderen Industriezweigen sind Mehrwegverpackungen für den Transport vorzuziehen, da sie nicht nur zur Reduzierung des Abfallaufkommens beitragen, sondern zusätzlich durch den Wegfall der Neuproduktion und des Recyclings ressourcenschonender sind. Gleichzeitig sollten Mehrwegverpackungen auch kosten-, zeit- und energieeffizient in die logistischen Prozesse miteinbezogen werden. Warenauslieferungen sollten daher immer auch eine Mitnahme der Verpackungen beinhalten[115], was durch die EAN-Identnummer für Mehrweg-Transportverpackungen (MTV), welche in Deutschland von GS1 Germany vergeben werden, erleichtert wird[116].

Eine wirtschaftlichere und gleichzeitig umweltschonendere Lösung in der Logistik stellen recyclebare Paletten mit eingearbeiteten RFID (Radio Frequency Identification) Transponderchips, die immer wieder neu mit Daten beschrieben werden können und selbst durch metallische Verpackungen lesbar sind, dar[117].

2.6.1.2. Einwegverpackungen

Einwegverpackungen sind im Transportverlauf oft nicht zu vermeiden. Ökologisch sinnvoll sind sie dann, wenn sie aus Monomaterialien bestehen, die Herstellung des Materials umweltverträglich ist und das Recycling sich wirtschaftlich gestaltet. Aufgrund dessen werden heutzutage bei den meisten Einwegtransportverpackungen Materialien wie Polyethylen, Karton oder Wellpappe verwendet. Um die Recyclingfähigkeit nicht zu mindern, sollte auch auf unnötige Aufkleber und Beschriftungen verzichtet werden[118].

Abb. 2.29: Versandkarton[119]

2.6.2. Kleiderbügel

2.6.2.1. Standard Kleiderbügel

Aus Gründen der Wirtschaftlichkeit und Ökologie wurde im Jahr 2000 das Standard-Kleiderbügel-Rückführ-System® (SKRS) im deutschen Handel eingeführt. Das vom Bundesverband des Deutschen Textileinzelhandels e.V. (BTE), dem GermanFashion Modeverband Deutschland e.V. bei GS1 Germany und der Zentrale für Coorganisation (CCG, welche unter anderem auch EDI, Stammdatenaustausch und EAN entwickelte) ausgearbeitet und überwachte Projekt umfasst mittlerweile 105 Unternehmen der Bekleidungsindustrie[120].

Durch die Normung der Kleiderbügel, wobei hohe qualitative Ansprüche an die Bügel gestellt werden, können diese zeit- und kosteneffizient ohne Umbügeln vom Fertigungsprozess über die Aufbereitung bis hin zum Transport und der Warenpräsentation im Handel durch die textile Kette laufen.

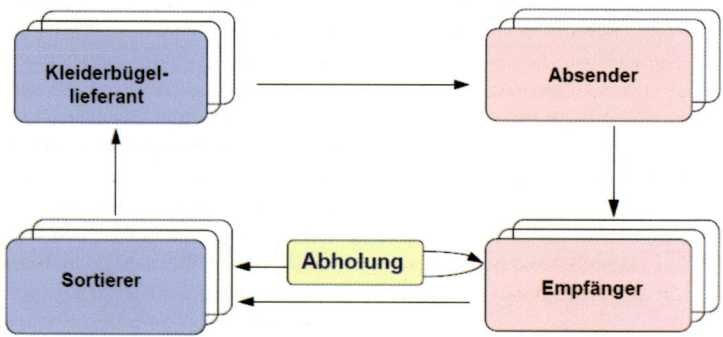

Abb. 2.30.: Grundmuster der Ablauforganisation im Standard-Kleiderbügelkreislauf[121]

Der Einzelhandel (auf dem Schema der Empfänger) verpflichtet sich in diesem Kreislauf zur Abholung der Bügel durch den Sortierer, welcher die Bügel nach Kleiderbügeltyp (Spannbügel, Formbügel …) systematisch ordnet[122].

Da die Qualität der Kleiderbügel stetig steigt, haben diese zwischenzeitlich eine Nutzungsdauer von drei Jahren und mehr erreicht, sodass durchschnittlich nur 12% der Bügel recycelt und neuproduziert werden[123]. Der ökologische Vorteil, der durch dieses System gewonnen wurde, ist somit eindeutig.

2.6.2.2. Green Hanger

Eine andere Variante des Kleiderbügels, bei der Ökologie und Marketingmaßnahmen zugleich im Vordergrund stehen, wird mit dem Green Hanger in Textilreinigungen eingesetzt.

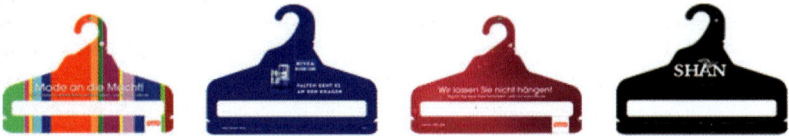

Abb. 2.31.: Green Hanger[124]

Die voll ökologischen und funktionstauglichen Kleiderbügel, hergestellt aus recyceltem Wellkarton (welcher vom Verbraucher selbst wieder über die Papiertonne recycelt werden kann), transportieren die jeweilig abgedruckten Werbebotschaften in die privaten Haushalte.

Laut einer GfK Studie zeigt das Konzept seine Wirkung, da die Zielgruppen zu 99% eine korrekte gestützte Markenerinnerung nach mindestens einer Woche nach Ausgabe des Green Hanger besitzen und zu 70% Sympathie für den Green Hanger aufgrund seiner Umweltverträglichkeit empfinden[125].

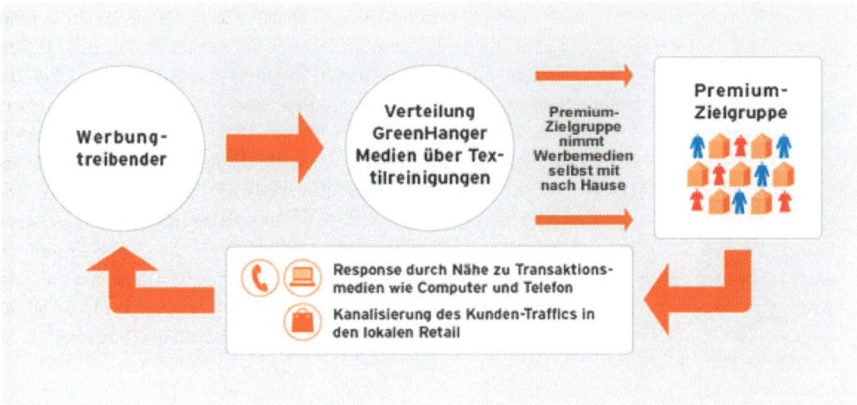

Abb. 2.32.: Werbemechanik der Green Hanger[126]

2.6.3. Einkaufstüten

Mit Einkaufstüten wird die jeweilige Unternehmenswerbung auf die Straße getragen, womit ihre Bedeutung für den Handel enorm ist. Die Gestaltung, die Qualität und das Material der Tüte richtet sich dabei nach dem jeweilig angebotenen Bekleidungssegment.

Alles in allem sind die momentan eingesetzten Verpackungsmaterialien bei Einkaufstüten auf (recyceltes) Polyethylen (PE), Papier und Textilgewebe beschränkt[127], wobei seit neuestem die Nachfrage nach nachwachsenden und biologisch abbaubaren Rohstoffen wie Stärke und Polymilchsäuren wächst.

Auf ihre Langlebigkeit hingesehen sind zwar Textiltragetaschen am ökologischsten, bei einem Vergleich des Gesamtenergieverbrauchs und der Umweltbelastung schneidet jedoch die Kunstfaser mit am besten ab. Nur Altpapier kann dem Stand halten.

Tüten aus recyceltem PE, welche sich im Vergleich zu Papiertüten mindestens dreimal so oft recyceln lassen (mindestens 18-mal recycelbar), gehören zur ökologischen Spitzenklasse. Nicht nur der geringere Energie- und Wasseraufwand ihrer Herstellung verglichen mit Papier, sondern auch die Wiederverwertung des in der Industrie stark genutzten Rohstoffes und die damit verbundene Ressourcenschonung sprechen für sich[128].

Das Interesse an biologisch abbaubaren Einkaufstüten aus den nachwachsenden Rohstoffen Stärke und Polymilchsäure, welche ähnlich Abfallsäcken für Biomüll einfach auf den Kompost geworfen werden können, wächst. Zwar sind sie in ihrer Herstellung etwa vier Mal teurer als herkömmliche PE-Tüten[129], durch den Wegfall der DSD Gebühren (Duales System Deutschland – Grüner Punkt) aufgrund ihrer Kompostierbarkeit, wird die Preisschere jedoch wieder verringert[130].

2.7. Textilpflege

Waschen, Trocknen und Bügeln von Wäsche sind Vorgänge, welche in privaten Haushalten noch mehr als in der Industrie, einen beachtlichen Energieverbrauch besitzen. Additional ist der Bedarf an Wasser sowie Waschmitteln, welche neben waschaktiven Tensiden u.a. Wasserenthärter, Bleichmittel, Enzyme, optische Aufheller, Schmutzträger, Duftstoffe und Substanzen, die das Anfärben der Kleidung mit gelösten Farbstoffen verhindern, enthalten, und deren Abbau ebenso gewichtig[131].

Falsche Pflege, durch Nichteinhaltung der Pflegekennzeichnung der Kleidung oder ein unnötiges Übermaß an Pflege wirken sich nicht nur negativ auf den Energie-, Wasser- und Chemikalienverbrauch aus, sondern sind auch schädlich für die Langlebigkeit der Kleidung. Ökologische Textilpflege greift also bereits bei der Auswahl der Kleidung nach ihrer Pflegekennzeichnung.

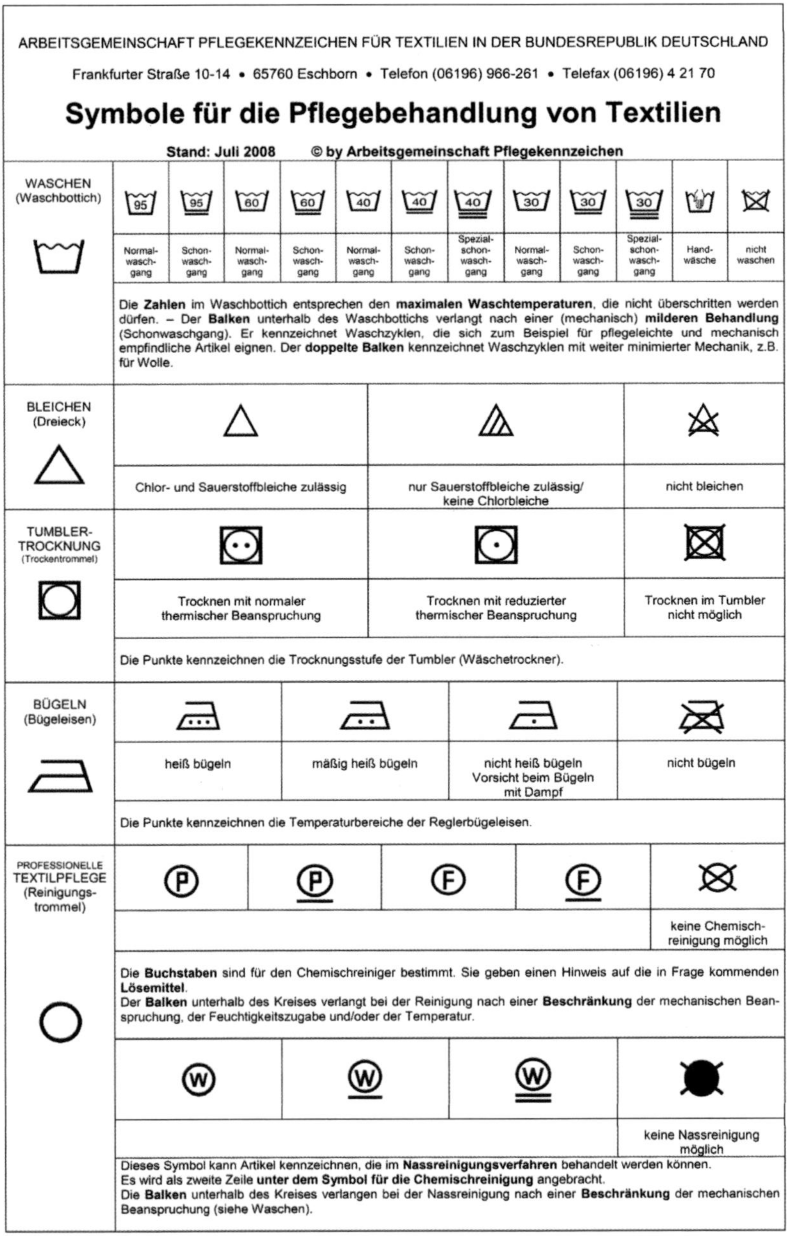

Symbole für die Pflegebehandlung von Textilien

Stand: Juli 2008   © by Arbeitsgemeinschaft Pflegekennzeichen

WASCHEN (Waschbottich)	95	95	60	60	40	40	40	30	30	30		
	Normal-wasch-gang	Schon-wasch-gang	Normal-wasch-gang	Schon-wasch-gang	Normal-wasch-gang	Schon-wasch-gang	Spezial-schon-wasch-gang	Normal-wasch-gang	Schon-wasch-gang	Spezial-schon-wasch-gang	Hand-wäsche	nicht waschen

Die **Zahlen** im Waschbottich entsprechen den **maximalen Waschtemperaturen**, die nicht überschritten werden dürfen. – Der **Balken** unterhalb des Waschbottichs verlangt nach einer (mechanisch) **milderen Behandlung** (Schonwaschgang). Er kennzeichnet Waschzyklen, die sich zum Beispiel für pflegeleichte und mechanisch empfindliche Artikel eignen. Der **doppelte Balken** kennzeichnet Waschzyklen mit weiter minimierter Mechanik, z.B. für Wolle.

BLEICHEN (Dreieck)	△	⚠	⊠
	Chlor- und Sauerstoffbleiche zulässig	nur Sauerstoffbleiche zulässig/ keine Chlorbleiche	nicht bleichen

TUMBLER-TROCKNUNG (Trockentrommel)	⊡	⊙	⊠
	Trocknen mit normaler thermischer Beanspruchung	Trocknen mit reduzierter thermischer Beanspruchung	Trocknen im Tumbler nicht möglich

Die Punkte kennzeichnen die Trocknungsstufe der Tumbler (Wäschetrockner).

BÜGELN (Bügeleisen)	⬱ (•••)	⬱ (••)	⬱ (•)	⊠
	heiß bügeln	mäßig heiß bügeln	nicht heiß bügeln Vorsicht beim Bügeln mit Dampf	nicht bügeln

Die Punkte kennzeichnen die Temperaturbereiche der Reglerbügeleisen.

PROFESSIONELLE TEXTILPFLEGE (Reinigungstrommel)	ⓟ	ⓟ	ⓕ	ⓕ	⊠
					keine Chemisch-reinigung möglich

Die **Buchstaben** sind für den Chemischreiniger bestimmt. Sie geben einen Hinweis auf die in Frage kommenden **Lösemittel**.
Der **Balken** unterhalb des Kreises verlangt bei der Reinigung nach einer **Beschränkung** der mechanischen Beanspruchung, der Feuchtigkeitszugabe und/oder der Temperatur.

	ⓦ	ⓦ	ⓦ	●
				keine Nassreinigung möglich

Dieses Symbol kann Artikel kennzeichnen, die im **Nassreinigungsverfahren** behandelt werden können.
Es wird als zweite Zeile **unter dem Symbol für die Chemischreinigung** angebracht.
Die **Balken** unterhalb des Kreises verlangen bei der Nassreinigung nach einer **Beschränkung** der mechanischen Beanspruchung (siehe Waschen).

Abb. 2.33.: Symbole für die Pflegebehandlung von Textilien[132]

2.7.1. Private Haushalte

Finanziell gesehen zahlen Zwei-Personen-Haushalte in 15 Jahren rund 1000 Euro für Waschmittel, Strom- und Wasserverbrauch der Waschmaschine. Dabei könnten durch die richtige Auswahl der Waschmaschine mit niedrigem Energie- und Wasserverbrauch und durch die richtige Temperaturwahl, Beladung und Waschmitteldosierung nicht nur Ressourcen geschont werden, sondern auch die Kosten um bis zu einem Drittel gesenkt werden.

Ökologische Trockner (s. Abb.) benötigen rund 50% weniger Energie als konventionelle Trockner und durch Trocknen der Wäsche an der Luft könnte gänzlich auf diese Energie verzichtet werden.

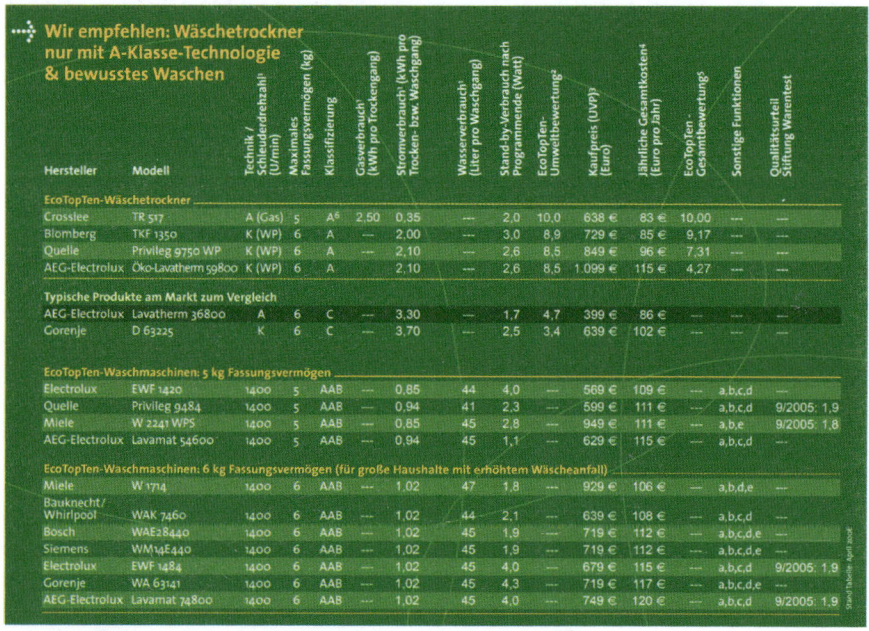

Hersteller	Modell	Technik / Schleuderdrehzahl (U/min)	Maximales Fassungsvermögen (kg)	Klassifizierung	Gasverbrauch¹ (kWh pro Trockengang)	Stromverbrauch¹ (kWh pro Trocken- bzw. Waschgang)	Wasserverbrauch¹ (Liter pro Waschgang)	Stand-by-Verbrauch nach Programmende (Watt)	EcoTopTen-Umweltbewertung²	Kaufpreis (UVP)³ (Euro)	Jährliche Gesamtkosten⁴ (Euro pro Jahr)	EcoTopTen-Gesamtbewertung⁵	Sonstige Funktionen	Qualitätsurteil Stiftung Warentest
EcoTopTen-Wäschetrockner														
Crosslee	TR 517	A (Gas)	5	A⁶	2,50	0,35	---	2,0	10,0	638 €	83 €	10,00	---	---
Blomberg	TKF 1350	K (WP)	6	A	---	2,00	---	3,0	8,9	729 €	85 €	9,17	---	---
Quelle	Privileg 9750 WP	K (WP)	6	A	---	2,10	---	2,6	8,5	849 €	96 €	7,31	---	---
AEG-Electrolux	Öko-Lavatherm 59800	K (WP)	6	A	---	2,10	---	2,6	8,5	1.099 €	115 €	4,27	---	---
Typische Produkte am Markt zum Vergleich														
AEG-Electrolux	Lavatherm 36800	A	6	C	---	3,30	---	1,7	4,7	399 €	86 €	---		
Gorenje	D 63225	K	6	C	---	3,70	---	2,5	3,4	639 €	102 €			
EcoTopTen-Waschmaschinen: 5 kg Fassungsvermögen														
Electrolux	EWF 1420	1400	5	AAB	---	0,85	44	4,0	---	569 €	109 €	---	a,b,c,d	---
Quelle	Privileg 9484	1400	5	AAB	---	0,94	41	2,3	---	599 €	111 €	---	a,b,c,d	9/2005: 1,9
Miele	W 2241 WPS	1400	5	AAB	---	0,85	45	2,8	---	949 €	111 €	---	a,b,e	9/2005: 1,8
AEG-Electrolux	Lavamat 54600	1400	5	AAB	---	0,94	45	1,1	---	629 €	115 €	---	a,b,c,d	---
EcoTopTen-Waschmaschinen: 6 kg Fassungsvermögen (für große Haushalte mit erhöhtem Wäscheanfall)														
Miele	W 1714	1400	6	AAB	---	1,02	47	1,8	---	929 €	106 €	---	a,b,d,e	---
Bauknecht/Whirlpool	WAK 7460	1400	6	AAB	---	1,02	44	2,1	---	639 €	108 €	---	a,b,c,d	---
Bosch	WAE28440	1400	6	AAB	---	1,02	45	1,9	---	719 €	112 €	---	a,b,c,d,e	---
Siemens	WM14E440	1400	6	AAB	---	1,02	45	1,9	---	719 €	112 €	---	a,b,c,d,e	---
Electrolux	EWF 1484	1400	6	AAB	---	1,02	45	4,0	---	679 €	115 €	---	a,b,c,d	9/2005: 1,9
Gorenje	WA 63141	1400	6	AAB	---	1,02	45	4,3	---	719 €	117 €	---	a,b,c,d	---
AEG-Electrolux	Lavamat 74800	1400	6	AAB	---	1,02	45	4,0	---	749 €	120 €	---	a,b,c,d	9/2005: 1,9

Im Bild: Wir empfehlen: Wäschetrockner nur mit A-Klasse-Technologie & bewusstes Waschen

Abb. 2.34: Übersicht A-Klasse Wäschetrockner/Waschmaschinen[133]

Legende zur Grafik:
1 Bezogen auf das Standardwaschprogramm (60°C) bzw. Standardtrockenprogramm (vorherige Schleuderdrehzahl 1000 U/min). Verbrauchswerte anderer Programme fanden sich zum Zeitraum der Verfassung im Internet unter www.ecotopten.de/prod_waschen_prod.php oder in den Bedienungsanleitungen.
2 Umweltbewertung: Auf Basis des Treibhauspotenzials, maximal 10 Punkte. Keine gesonderte Bewertung bei Waschmaschinen, da sich die EcoTopTen-Geräte nur wenig unterscheiden.
3 UVP = Unverbindliche Preisempfehlung
4 Jährliche Gesamtkosten: Anschaffungskosten werden auf die Lebensdauer umgerechnet, bei Trocknern auch ggf. erforderliche Zusatzinstallationen (z.B. Abluftschlauch oder Gassteckdose). Trockner halten in der Regel 1600 Trockenzyklen, Waschmaschinen 1840 Waschzyklen. Nachgewiesene längere Lebensdauer wurde berücksichtigt. Mit berechnet wurden die jährlichen Kosten für den Verbrauch von Strom, Gas, Wasser und Waschmittel. Angenommener Preis: Strom 19,6 Cent/kWh, Wasser: 4 Euro/m3; Gas: 0,55 Cent/kWh, Waschmittel: 4,9 Cent/kg).
Die Tabelle wurde berechnet am Beispiel eines Zwei-Personen-Haushalts mit 511 kg Wäsche pro Jahr und einer durchschnittlichen Beladung der Waschmaschine von 73 Prozent.

5 Gesamtbewertung: Mittelwert aus ökologischer und ökonomischer Bewertung. Maximal gibt es 10 Punkte. Für Vergleichsprodukte wird keine Gesamtbewertung durchgeführt, da sie die EcoTopTen-Kriterien nicht erfüllen. Waschmaschinen werden nach Höhe ihrer jährlichen Gesamtkosten aufgelistet.

6 Für Gastrockner gibt es keine EU-Energieetikettierung. Primärenergieverbrauch und Treibhauspotenzial von Gastrocknern sind jedoch noch niedriger als bei den A-Klasse-Geräten

Technik (Wäschetrockner)
K (WP) Kondensationstrockner mit Wärmepumpe
A (Gas) Ablufttrockner mit Gas
K Kondensationstrockner
A Ablufttrockner

Sonderfunktionen (Waschmaschinen)
a Hochwertiger Schutz vor Wasserschäden: Hersteller übernimmt im Schadensfall die
Haftung
b Mengenautomatik oder 1/2-Taste: Reduzierung des Wasser- und Energieverbrauchs bei Minderbeladung
c Zeitvorwahl
d Kurzprogramm
e update-Funktion: Über eine Schnittstelle kann die Waschmaschine auf den technologisch neuesten Stand gebracht werden, z.B. bei Einführung neuer Waschmittel oder Textilarten

Die EcoTopTen-Marktübersicht basiert auf einer Befragung des Öko-Instituts e.V. im Zeitraum von Februar bis März 2006 bei insgesamt 23 Herstellern von Waschmaschinen und Wäschetrocknern auf dem deutschen Markt. Unternehmen oder Marken, die in der EcoTopTen-Marktübersicht fehlen, haben entweder nicht geantwortet oder keine Geräte genannt, die die EcoTopTen-Kriterien einhalten.

Ebenso sind Waschgänge bei über 60°C oft unnötig, da moderne Waschmittel schon bei niedrigen Temperaturen hochwirksam sind und der Einsatz von Vollwaschmitteln bei verschiedenen Textilien oft unangebracht ist, da diese durch optische Aufheller und Bleichmittel nicht nur die Farbe sondern auch die Umwelt angreifen. Örtliche Fleckenentfernung durch Fleckenentfernungsmittel und Aushängen der Kleidung zur Duftneutralisation sind weitere ökologische Möglichkeiten.

Seitdem das "Gesetz über die Umweltverträglichkeit von Wasch- und Reinigungsmitteln" im April 2007 aktualisiert und an die EU-Detergenzienverordnung angepasst wurde, müssen zwar Tenside vollständig abbaubar sein, Bleichmittel, Optische Aufheller und Duftstoffe sind jedoch weiterhin bedenklich für Abwasser und Mensch. Deshalb sind aus Verbraucherschutzgründen laut EU-Verordnung die Hersteller dazu verpflichtet, ihre Verpackungen mit Informationen zu den in Wasch- und Reinigungsmitteln oft eingesetzten, potenziell Allergie auslösenden Duftstoffen zu kennzeichnen[134].

Die bis 1990 als Wasserenthärter verwendeten Phosphate, welche zur Eutrophierung von Gewässern beitrugen, wurden bereits damals durch umweltverträgliche Zeolithe ersetzt[135].

Inhaltsstoff	Zusammensetzung	Funktion
Tenside		waschaktive Substanzen, welche die Oberflächenspannung des Wassers herabsetzen und so eine bessere Benetzung der Faser bewirken. Sie lösen den Schmutz von der Faser und verhindern dessen Wiederablagerung. Man unterscheidet anionische, nicht-ionische, kationische und amphotere Tenside.
Enthärter	Zeolithe	beseitigen die Wasserhärte, indem sie mit den Calcium- und Magnesiumionen reagieren
Waschalkalien		steuern den pH-Wert der Waschlauge. Durch eine leichte Quellung der Faser erleichtern sie die Schmutzablösung.
Schmutzträger		bewirken, dass gelöste Schmutz- oder Kalkteilchen in der Schwebe bleiben und sich nicht auf den Textilien oder der Waschmaschine ablagern.
Bleichmittel	Perborate und Percarbonate	Sie entfernen hartnäckige Flecken durch Oxidation. Die Wirksamkeit der Bleichmittel bei niedrigen Temperaturen wird durch Bleichaktivatoren erhöht. Bleichstabilisatoren verhindern die unkontrollierte Freisetzung von Sauerstoff aus Bleichmitteln.
Enzyme	Proteasen, Amylasen, Lipasen, Cellulasen	katalytisch wirksame Eiweißverbindungen, die bei Temperaturen zwischen 30°C und 60°C ihre größte Wirksamkeit entfalten
Farbübertragungsinhibitoren	Polyvinylpyrrolidon	vermindern die Farbübertragung zwischen den Wäscheteilen
Füllstoffe		haben keinerlei Einfluss auf die Waschwirkung und werden in größeren Anteilen hauptsächlich in den herkömmlichen Waschmitteln (sogenannten "Jumbos") eingesetzt. Sie sollen u.a. die Löslichkeit und die Rieselfähigkeit sicherstellen.
Lösemittel, Lösungsvermittler	Wasser oder Alkohole	Lösungsvermittler halten die gelösten Substanzen in Flüssigwaschmitteln oder Flüssigtabs in Lösung

Tabelle 2.7.: Überblick über die Waschmittelinhaltsstoffe und ihre Funktion[136]

Weitere mögliche Inhaltsstoffe wären u.a. Duft- und Farbstoffe, optische Aufheller, Schaumregulatoren, Emulgatoren, Bitterstoffe, Konservierungsmittel, Korrosionsinhibitoren, Gleitmittel und Sprengstoffe[137].

2.7.2. Gewerbliche Wäschereien

Durch den Einsatz moderner Maschinenparks, überwachten und optimierten Waschprozessen und gezielter Abwasseraufbereitung gestaltet sich das Waschen unter industriellen Bedingungen deutlich ökologischer als das Waschen im Haushalt, da der Waschmittel-, Wasser- und Energiebedarf erheblich geringer verglichen mit Haushaltswaschmaschinen ist[138].

Abb. 2.35: Wäscherei[139]

Gewerbliche Mitglieder der Gütegemeinschaft sachgemäße Wäschepflege e.V., welche mit den vom Deutschen Institut für Gütesicherung und Kennzeichnung RAL (Reichs-Ausschuss für Lieferbedingungen) vergebenen Gütezeichen RAL-GZ 992/1 (Haushalts- und Objektwäsche), RAL-GZ 992/2 (Krankenhauswäsche) und RAL-GZ 992/3 (Wäsche aus Lebensmittel-betrieben) zertifiziert sind, arbeiten zusätzlich nach höchsten Qualitäts- also auch Ökologievorgaben.

Zu den weitere Kompetenzfeldern des RAL gehören die RAL-Farbmuster, das Wollsiegel, die EU-Blume und als alleinige Stelle in Deutschland der blaue Engel[140].

Abb. 2.36.: RAL Gütezeichen[141]

Durch die Zusammenarbeit der Gütegemeinschaft sachgemäße Wäschepflege e.V. mit dem internationalen Textilforschungszentrum Hohenheim wird kontinuierlich an der Verbesserung von Waschprozessen im Hinblick auf Materialschonung und ökonomischen Einsatz von Waschmittel, Wasser und Energie gearbeitet[142].

So hat das Hohenstein Institut im Jahr 2002 zusammen mit dem Wäschereitechnikunternehmen Kannegiesser an der Entwicklung von Verfahren und Online-Sensorik gearbeitet, welche anschließend auch in der Produktpallette von Kannegiesser aufgenommen wurden.

Mit den dabei verwirklichten Verfahren, wie dem modifizierte Top-Transfer, Greifersystemen, der Direktbeheizung und der Poolversorgung durch Kleiderausgabesysteme, und Sensoren, wie der Infrarottemperaturmessung zur Regelung der Restfeuchte, der Biegebalkentechnologie für die Beladegewichtserfassung zur automatischen Anpassung der Ressourcenverbräuche, und der Transponder zur Optimierung der Lieferlogistik, können je nach Artikel und Maschine Wasser-, Energie- oder auch Zeiteinsparungen von bis zu 50% erzielt werden[143].

In Wäschereibetriebe installiert, stellen diese technologischen Entwicklungen produktionsintegrierte Umweltschutzmaßnahmen dar.

2.8. Entsorgung

Aus ökologischen und ökonomischen Gründen ist Entsorgung heutzutage mit Recycling oder der deutschen Entsprechung dem Rezyklieren gleichzusetzen, was bedeutet, dass versucht wird etwas wieder dem Stoffkreislauf zurückzuführen[144]. Ökologisch sinnvoll ist Recycling, weil dabei Unmengen an Wasser, Energie und Ressourcen (u.a. Öl) eingespart werden können, die sonst für ein Neuprodukt verwendet worden wären[145].

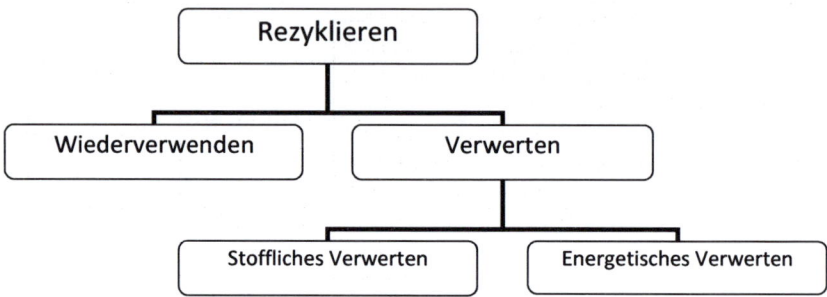

Abb. 2.37.: Terminologie des Rezyklierens

2.8.1. Wiederverwenden und stoffliches Verwerten

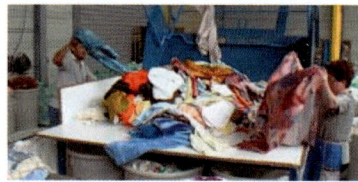

In der Bekleidungsindustrie steigt der Mehrverbrauch an Kleidung, verursacht durch immer kürzer werdende Kollektionsrhythmen, stetig und somit auch der Anteil der kurzlebigen und qualitativ niedrigwertigen Kleidung, die nach kurzer Zeit auf Entscheidung des Verbrauchers oder des Handels entsorgt wird.

Abb. 2.38.: Sortierung von Alttextilien

Verwertet werden Textilien auf dem Gebraucht- oder Second-Hand-Markt (48%), worunter sich einerseits vor allem der Export der Kleidung ins Ausland vorwiegend nach Osteuropa, Afrika oder Südamerika und andererseits der profitreiche Verkauf der Kleidung aus mehreren Gründen (1-2%) vorzustellen ist und das Recycling der Textilien zu neuen Produkten (29%), zu Putz- und Polierlappen oder als Rohstoff für die Vliesstoff-, Papier und Pappenindustrie (17%).

Kann die Kleidung in keinem der vorher erwähnten Bereiche verwertet werden, landet sie entweder auf der Mülldeponie oder wird durch biologische Verwertung oder Verbrennung als alternative Energiequelle genutzt (<7%)[146].

Die Entscheidung wie mit der Kleidung verfahren wird erfolgt in modernen Sortierbetrieben nach folgendem Schema.

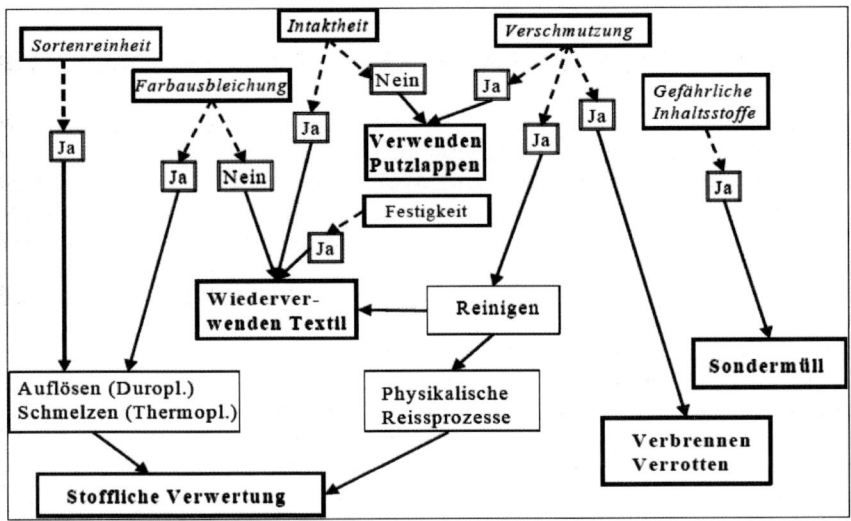

Abb. 2.39.: Entscheidungsbaum zum Textilrecycling[147]

Im Falle der Verwertung müssen sortenfremde Materialien (v.a. Accessoires wie Reißverschlüsse, Knöpfe, etc.) zuerst entfernt werden. Textilien und textile Abfälle aus Duroplasten (Viskose, Rayon, etc.) und Thermoplasten (Polyester, Polypropylen, etc.) werden chemisch oder thermisch bis zum Polymer oder Granulat aufgelöst. Textilien und textile Abfälle aus Naturfasern (Baumwolle, Wolle, Hanf, etc.) und Chemiefasern werden mechanisch zerkleinert und anschließend in der Reißerei von Nadelwalzen auf Transportbändern bis zur Faser "aufgerissen"[148].

Der verstärkte Einsatz von Fasermischungen, von Ausrüstungen und von höheren Faserstärken, die sich schwerer zerreißen oder öffnen lassen, wirkt sich dabei nachteilig auf den Recyclingprozess aus[149].

Im Fall von Funktionsbekleidung aus Goretex- oder Sympatex- Membranen bieten verschiedene Hersteller wie Vaude oder Patagonia ihren Kunden die Möglichkeit, die Bekleidung innerhalb des Rücknahme-Recycling-Systems nach Gebrauch wieder im Verkauf abzugeben.

Das Unternehmen Gore selbst beschäftigte sich gemeinsam mit dem Unternehmen Mammut im Rahmen des Gore Balance Project damit langlebige und recyclingfähige Funktionsbekleidung herzustellen, welche aus drei Basismaterialien besteht, die nach dem Gebrauch problemlos getrennt und recycelt werden kann. So konzipierte Textilien können vom Verbraucher an einem speziellen Etikett mit der Aufschrift "Ecolog" bzw. "Balance Project" erkannt werden, das die Wieder-verwertung garantiert und entweder ebenfalls im Fachhandel abgegeben oder direkt an den Hersteller gesandt werden kann[150].

2.8.2. Energetisches Verwerten

Insofern also Textilien entsorgt werden müssen, besteht neben der Mülldeponie noch die Alternative der biologischen oder thermischen Verwertung.

Verwertungsverfahren	Anforderungen an den Abfall	Produkte
Kompostierung/Verrottung	Naturfasern, abbaubare Chemiefasern	Humus
Vergärung	Naturfasern, abbaubare Chemiefasern	Biogas, Kompost
Verbrennung	Brennbare Abfälle	Energie, Abgase

Tabelle 2.8.: Biologische und thermische Verwertung von Textilien[151]

Die Kompostierung stellt unter den biologischen Abbauverfahren eine minderattraktive Variante dar, da der Nährstoffanteil des erhaltenen Endproduktes sehr gering ist.

Da die meisten textilen Fasern allerdings einen hohen Heizwert besitzen, werden sie vorwiegend thermisch verwertet, wobei ihr Heizwert durch die Wärmenutzung der Verbrennungsabgase genutzt wird[152].

Faser/Brennstoff	Heizwert MJ/kg
Baumwolle	17
Wolle	23
Polyester	22-23
Polyamide	29-31
Polypropylen	42
PVC, hart	17-23
PVC, weich	26
Heizöl, leicht	42

Tabelle 2.9.: Heizwerte von Fasern und Heizöl[153]

3. Neue ökologische Entwicklungen in der Textilveredlung

Neue Entwicklungen in der Textilveredlungsindustrie richten sich neben den wachsenden Bedürfnissen der Verbraucher vor allem auch nach dem Umweltschutz. Ressourcenschonende Materialien, Techniken und Prozesse in der Textilveredlung gewinnen dabei an Relevanz, da sie sowohl weniger Wasser als auch Energie und Chemikalien beanspruchen.[154] Positiv sind dabei die ökologischen Bemühungen der Industrie zu verzeichnen.

3.1. Enzymtechnologie

 Enzyme bestehen wie alle Proteine aus aneinandergereihten Aminosäuren und werden in der Textilveredlung vor allem als Biokatalysatoren verwendet. Als solche beschleunigen sie chemische Reaktionen, wobei sie auch Chemikalien ersetzen können, ohne jedoch unerwünschte Nebenprodukte zu bilden. So können Rohstoffe und Energie eingespart und die Katalysatoren biologisch abgebaut werden.

Abb. 3.1.: Biotechnische Herstellung von Enzymen in Fermentern[155]

Ihren Einsatz finden sie u.a. bei schonenden Vorbehandlungsverfahren in der Vorwäsche bei der Färbung von Wollgeweben (Proteasen), in der Veredlung von Baumwolle (Biobleaching mit Katalasen, Biopolishing und Biostoning mit Cellulasen) und in der EU mit dem Hauptanteil von 40% in Wasch- und Reinigungsmitteln (Lipasen, Proteasen und Amylasen, welche Fette, Proteine und Stärke auf Kleidung spalten und lösen)[156].

Äußerst ressourcenschonend ist das Biostoning, da im Gegensatz zum Stonewash-Verfahren auf Bimssteine verzichtet werden kann, deren Ressourcen allmählich knapp werden (auf eine Tonne Jenas fallen 0,6 Tonnen Steinabrieb an) und deren Entsorgung schon immer problematisch war. Hinzukommend können beim Bimsstein-Verzicht Maschinen, Leitungen als auch das Abwasser geschont werden[157].

Abb. 3.2.: Bimssteine[158]

3.2. Plasmatechnologie

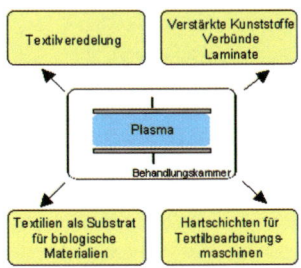 Im Gegensatz zu nasschemischen Ausrüstungen beeinträchtigen mit der Plasmatechnologie (Plasma wird physikalisch als ein ionisiertes Gas mit exakt gleicher Anzahl positiver und negativer Ladungen definiert) aufgetragene Plasmaschichten aufgrund ihrer Schichtdicke im Nanometerbereich nicht die textilen Eigenschaften wie z.B. Festigkeit und Griff des behandelten Materials .

Abb. 3.3.: Mögliche Einsatzbereiche der Plasmabehandlung im textilen Sektor[159]

So können durch Oberflächenmodifizierung Funktionalitäten wie Benetzbarkeit, Wasser-/Schmutzabweisung, Leitfähigkeit, Biokompatibilität usw. durch das trockene und umweltfreundliche Plasmaverfahren erzeugt werden, bei dem kaum Chemikalien eingesetzt werden und somit Abwässer vermieden und Ressourcen geschont werden. Darüber hinaus können bei der Plasmareinigung textile Oberflächen sehr effektiv von Spinnölen, Schlichten gereinigt, durch Erhöhung der Mikrorauhigkeit eine verbesserte Filzfreiausrüstung von Wolle erhalten und durch Plasmapolymerisation multifunktionale Oberflächenschichten gebildet werden, die z.B. antibakteriell ausgerichtet die Wundheilung verbessern und Infektionen vermeiden (Smart Textiles)[160] .

Abb. 3.4.: Wasserabweisend ausgerüstetes Baumwoll-/Polyester-Gewebe. Links unbehandelt, rechts nach Plasmaausrüstung[161]

3.3. Lasertechnologie

Neben dem Laserschneiden und Textilschweißen wird Lasertechnologie vermehrt für Oberfflächeneffekte bei textilen Flächen durch Veränderung der Oberfläche eingesetzt.

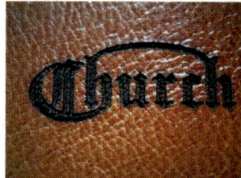

Oberflächen können perforiert, abgetragen (somit u.a. Farbtiefen beeinflusst werden) oder beschriftet werden. Das Ergebnis ist in jedem Fall wasser- und wischfest und sehr dauerhaft, weswegen Laserbeschriftung als ein schnelles, automatisiertes und individualisierbares Verfahren oft zur Nummerierung von Einzelteilen verwendet wird.

Abb. 3.5.: Laserbeschriftung von Leder[162]

3.4. Inkjet-Drucktechnik

Mit Inkjet-Drucktechnik wird eine digitale Drucktechnik bezeichnet, bei der das „Bedrucken" wasserfrei durch computergesteuertes Aufsprühen von Farbe, also ohne Druckformen und ohne aufwendige Umrüstzeiten beim Wechsel von Dessins auf den Druckmaschinen erfolgt. Neben der Ressource Wasser können also auch Materialien und Druckschablonen und Energie eingespart werden[163]. Der

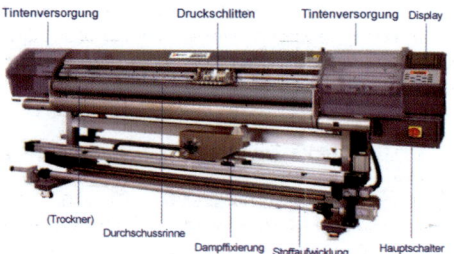

Einsatz der Farbstoffe reicht dabei von Reaktiv-, über Säure- und Dispersionsfarbstoffe zu Pigmenten.
Um hohe Farbechtheiten zu garantieren werden die zu bedruckenden Materialien mit Alkali, Ammoniumsulfate, Harnstoff oder Verdickungsmittel vorbehandelt und zur Fixierung mit Dampf nachbehandelt.

Abb. 3.6.: Inkjet-Drucker[164]

3.5. Überkritisches Kohlendioxid

Überkritisches Kohlendioxid (Kohlendioxid im Aggregatzustand zwischen flüssig und gasförmig) eignet sich insbesondere für hydrophobe Substanzen hervorragend als Lösemittel und wird aufgrund dieser Eigenschaft bei der Behandlung von Textilien für Wasch- und Färbeverfahren eingesetzt. Beide Verfahren erfolgen wasser- und abwasserfrei, benötigen neben den Farbstoffen keine weiteren Chemikalien und viel weniger Energie, da die Prozesse schneller Ablaufen, da das Trocknen der Fasern entfällt. Somit stellt die textile Behandlung mit überkritischem Kohlendioxid erhebliche ökologische Vorteile dar.

Des Weiteren ist das Färbeergebnis weltweit reproduzierbar, da es unabhängig von den Frischwasserqualitäten und oft nicht zu unterschätzen auch vom Wassermangel an vielen Produktionsstandorten ist.

Beide Verfahren ähneln sich im Ablauf. Beim Färben wird z.B. flüssiges Kohlendioxid aus dem Vorratstank mit einer Hochdruckpumpe komprimiert, über einen Wärmetauscher erwärmt und in den überkritischen Zustand überführt. Dann durchströmt es im Autoklav die auf einen Färbebaum gewickelten

textilen Fasern. Diese (bisher ist das Verfahren beschränkt auf Polyester, Polyamid, Triacetat und Elasthan) weiten sich in dem festgelegten Druck- und Temperaturbereich und nehmen die Farbstoffe tief in sich auf.

Die Lösung aus Kohlendioxid und Farbstoff zirkuliert anschließend in der Anlage, bis die Farbstoffaufnahme abgeschlossen ist. Beide Prozesse greifen die Fasern weit weniger an als das Färben in Wasser. Abschließend werden Farbstoffüberschüsse an der Faseroberfläche mit frischem Kohlendioxid von den Fasern gespült und im Separator abgetrennt. Da beim Spülen die Temperatur gesenkt wird, schließen sich die Fasern wieder und die Farbstoffe werden so fest eingebunden[165].

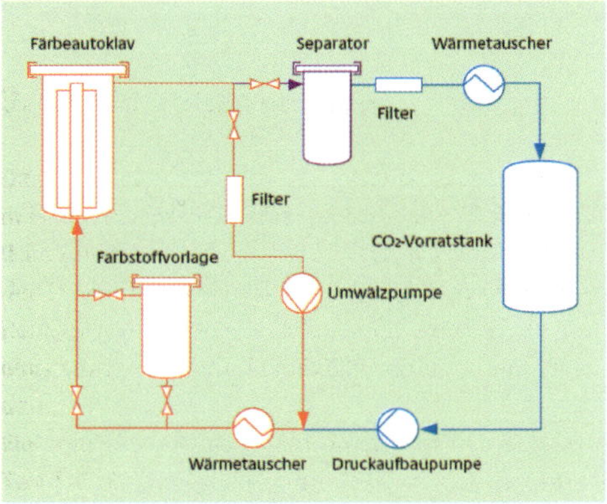

Abb. 3.7.: Funktionsschema einer Anlage zur Färbung mit überkritischem Kohlendioxid[166]

3.6. Elektrochemisches Färben

Der Vorgang des elektrochemischen Färbens ersetzt durch regenerierbare Redoxsysteme Reduktions- und Oxidationsmittel, die normalerweise nicht mehr aus der Färbeflotte wiedergewonnen und abgebaut werden können. Solche Reduktions- und Oxidationsmittel werden u.a. für das Färben mit Küpenfarbstoffen, zu denen auch Indigo gehört und die Färbung mit Schwefelfarbstoffen benötigt.

Dabei wird entweder gänzlich auf chemische Reduktionsmittel verzichtet (direkte Elektrolyse) oder mit wiederverwendbaren Mediatoren gearbeitet (indirekte Elektrolyse), wodurch sowohl das Mediatorsystem als auch die Färbeflotte recycelt werden können. Da wassertoxische Mittel wie u.a.

Na$_2$S$_2$O$_4$, Formaldehydsulfoxylate, Hydroxyaceton und Wasserstoffperoxid, welche konventionell bei einem Großteil der Färbungen für cellulosische Fasern eingesetzt werden, somit wegfallen, ist eine signifikante Einsparung im Chemikalien- als auch im Wasserverbrauch zu verkennzeichnen[167].

Bei dem elektrochemischen Verfahren werden die Farbstoffe zum Aufziehen auf die Faser entweder bei der direkten Elektrolyse auf der Kathodenoberfläche reduziert oder wie bei der indirekten Elektrolyse durch aus der Kathode austretende Elektronen über ein lösliches, reversibles Redoxsystem. Da der dispergierte Farbstoff im Färbebad nicht ohne den Zusatz einer ausreichenden Konzentration an reduziertem Mediator (Botenstoff) in einem stabilen Reduktionszustand erhalten werden kann, wird das Färbebad in Zirkulation durch die Elektrolysezelle gehalten. Bei abgeschlossenem Färbevorgang können die Farbstoffe entfernt und das Mediatorsystem, da es beim Prozess nicht verbraucht wurde, regeneriert werden[168].

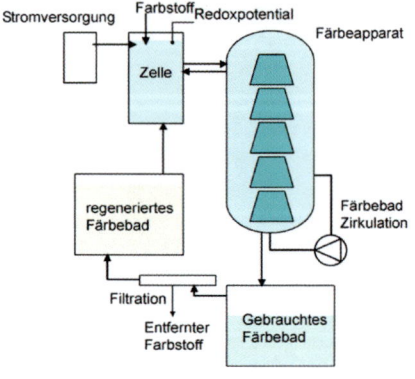

Abb. 3.8.: Prinzipschema einer elektrochemischen Färbeanlage[169]

3.7. Chitosan

Chitosan, ein Derivat des zweithäufigsten Biopolymers Chitin (Hauptstrukturkomponente von Krustentieren) neben Cellulose, wird aufgrund seiner sterilisierenden und komplexierenden Eigenschaften verstärkt in der Textilveredelung eingesetzt. Neben seinem Einsatz als Schlichtemittel (s.a. Kapitel 3.4.1.1. „Entschlichten") wird das nicht toxische, nicht allergene und biologisch abbaubare Biopolymer verwendet um antimikrobielle Effekte auf u.a. Vliesen zu erzielen. Beim Färbevorgang erhöht es die Farbstoffaufnahme und verbessert in der Nachbehandlung von Direktfärbungen die Echtheitseigenschaften. Des Weiteren wird es als Weichmacher und als Bindemittel bei Vliesen eingesetzt und stellt alles in allem ein humanökologisches und abbaubares Substitut für die sonst verwendeten Chemikalien dar[170].

3.8. Ultraschallbehandlung

Durch den Einsatz von Ultraschallwellen (Wellen mit einer Frequenz über 16.000 Hz) bei Vorgängen, welche Flüssigkeiten enthalten, erhöht sich die Diffusionsrate und die Relativgeschwindigkeit der Teilchen. Daraus resultierend können niedrigere Prozesstemperaturen eingesetzt werden, die Prozesszeit verkürzt werden und der Textilhilfsmittelverbrauch reduziert werden, was zu einer erheblichen Energie- und Chemikalieneinsparung führt.

In einem Färbebad besitzt Ultraschallenergie eine homogenisierende und dispergisierende Wirkung auf Farbmittel und Textilhilfsmittel. Gleichzeitig können erhöhte Egalisiereigenschaften erreicht werden. Bei Bleichvorgängen wird eine höhere Effizienz erreicht und bei Waschprozessen die Ablösung von lipidischen und mineralischen Stoffen gefördert[171].

3.9. Niedertemperaturtechniken

Durch den Einsatz von Heizanlagen mit Niedertemperaturtechniken bei Textilveredlungsprozessen kann der Heizölverbrauch um bis zu einem Drittel eingespart und die Schadstoffemission bis zu 50% reduziert werden. Darüber hinaus liegt die Energieausnutzung bei modernen Anlagen bei über 90%.

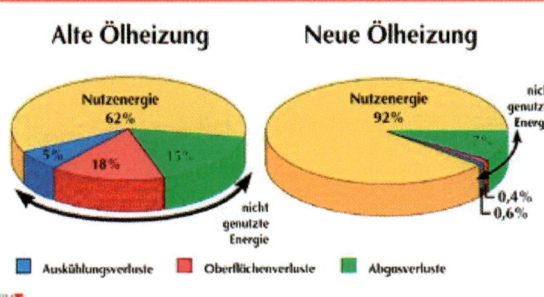

Im Vergleich zu konventionellen Anlagen, deren Kesselwassertemperatur konstant auf bis zu 90°C eingestellt ist, richtet sich die Betriebstemperatur bei modernen Anlagen nach dem Wärmebedarf und liegt somit nur zwischen 40-75°C[172].

Abb. 3.9.: Einsparmöglichkeiten beim Einsatz von Niedertemperaturheizungen[173]

3.10. Ozonungsanlagen

Das Ozonungsverfahren ermöglicht durch das Entfärben des konzentrierten Farbabwassers mit Ozon in einem Reaktor ein umfangreiches und ökologisches Wasserrecycling in der Textilindustrie. Betriebliche Abwässer können unter Verzicht auf Chemikalien gereinigt werden und zu einem Großteil wieder in den Wasserkreislauf zurückgeführt werden, sei es für den Einsatz von Färbeprozessen oder Reinigungsprozessen. So können im Vergleich zu herkömmlichen Verfahren neben der Chemikalieneinsparung zusätzlich Klärabfälle verringert und über 5000 m³ Frischwasser jährlich eingespart werden.

Ein vom Umweltinnovationsprogramm des Bundes gefördertes Pilotprojekt dazu wurde in einem Textilunternehmen in Nordrhein-Westfalen gestartet[174].

3.11. Fotokatalytische Reinigungsverfahren

Fotokatalytische Verfahren stellen eine ökologische Alternative zur konventionellen Abwasserreinigung, welche mit einem enormen Chemikalien- und Energieeinsatz verbunden ist, dar. Erzeugte Radikale verbinden sich mit langkettigen und biologisch schlecht abbaubaren Kohlenwasserstoffen wie z.B. Spulölen aus der Flächenherstellung, Appreturen, Schlichten, organischen Farbstoffen und anderen in der Textilveredlung anfallenden umweltbelastenden Abwasserinhaltsstoffen und brechen diese auf. Bei ausreichendem Vorhandensein von Radikalen im Wasser können die organischen Verbindungen sogar vollständig zu Kohlendioxid und Wasser abgebaut werden.

In einem gemeinsamen Projekt des Deutschen Zentrums für Luft- und Raumfahrt (DLR) mit der Gardinenfabrik Carl Albani und Enviro Tex wurden mehrere fotokatalytische Verfahren auf ihre Fähigkeit untersucht Wasserinhaltsstoffe abzubauen und Emulsionen zu spalten und als Ergebnis neben der Foto-Fenton-Reaktion, bei welcher mithilfe UV- Lichts als Aktivierungsenergie aus Wasserstoffperoxid Hydroxylradikale erzeugt werden, Titandioxid-Katalysatoren und die Photosensibilisierung vorgestellt. Das ausgereifte Verfahren kann sowohl zur Behandlung der Abwässer vor der Abgabe an das kommunale Netz als auch zur vollständigen Reinigung und Kreislaufschließung geeigneter Prozessabwässer eingesetzt werden[175].

4. Industrielle und rechtliche ökologische Richtlinien

4.1. REACH

Hinter dem Begriff "REACH" (Registration, Evaluation, Authorisation of Chemicals) steht eine seit dem 1. Juni 2007 geltende EG-Verordnung zur Registrierung, Bewertung und Zulassung von Chemikalien[176].

Ziel der Verordnung ist es innerhalb der EU die Informationslücken bezüglich verschiedener chemischer Stoffe zu schließen, den Informationsfluss entlang der Lieferkette und die Sicherheit im Umgang mit gefährlichen Stoffen zu verbessern und die Wettbewerbsfähigkeit der europäischen Chemischen Industrie auf den globalen Märkten zu steigern (u.a. durch Innovationen zu Substituten für gefährliche Stoffe)[177].

Reach stellt eine gesetzliche Grundlage dar, von welcher aus die Verantwortung von den jeweiligen nationalen Behörden verstärkt an die Industrie weitergegeben wird. So muss die Industrie alle in der EU verwendeten Stoffe einer Bewertung und anschließender Dokumentation ihrer sicheren Verwendung (u.a. Anwendungsbedingungen und Risikovermeidung) in einem Chemikalien-sicherheitsbericht unterziehen, da die Stoffe sonst von der Vermarktung ausgeschlossen werden[178].

Für Hersteller, Importeure und Anwender chemischer Stoffe wurde als Orientierungshilfe von den Bundesbehörden das REACH-Helpdesk (ein Expertennetzwerk für Auskünfte) eingerichtet ist[179].

Zusätzlich besteht die Möglichkeit über Verlinkungen des Reach-Informationsportals zu internationalen Stoffdatenbanken Informationen zu verschiedenen chemischen Stoffen einzusehen[180].

4.2. Gewässerökologische Klassifizierung der TEGEWA

Seitdem die TEGEWA (Textilhilfsmittel-, Lederhilfsmittel-, Gerbstoff- und Waschrohstoff-Industrie) 1997 ein Konzept zur Einstufung von Textilhilfsmitteln nach gewässerökologischer Relevanz vorgelegt hat, bei welchem zwischen wenig relevanten, relevanten und stark abwasserrelevanten Stoffen unterschieden wird, ist eine deutliche Abnahme der stark abwasserrelevanten Textilhilfsmitel um 83% zu verkennzeichnen.

Das Klassifizierungskonzept ist als Empfehlung an den Gesamtverband der deutschen Textilveredlungsindustrie (TVI) oder als Selbstverpflichtung angedacht, möglichst gewässerökologische Produkte auszuwählen und einzusetzen.

Die Anforderungen des Internationalen Verbandes der Naturtextilwirtschaft (IVN) an die Abbaubarkeit von Chemikalien aus dem Abwasser gehen jedoch noch über die TEGEWA Klassifizierung hinaus. Für die Zertifizierung von Textilien mit dem Siegel darf daher nur ein Teil der als "wenig abwasserrelevant" eingestuften Chemikalien eingesetzt werden[181].

4.3. Responsible Care

"Responsible-Care" ist ein Projekt der chemischen Industrie (International Council of Chemical Associations – ICCA) mit dem Ziel den Umweltschutz als auch die Gesundheit und Sicherheit der Mitarbeiter und der Öffentlichkeit zu verbessern und die Chemieentwicklung dahin zu fördern, dass sie für das gesamte Ökosystem nachhaltig und zukunftsverträglich ist.

Das seit 1985 bestehende Projekt wurde 2006 im Zuge einer Neukonzeption des Internationalen Chemieverbandes unter anderem um eine Globale Charta erweitert, in der ausführliche Grundsätze verankert sind, an denen sich die Programme der 53 teilnehmenden Nationen ausrichten[182].

 In Deutschland sind rund 90% der Chemiefirmen an dem Projekt beteiligt, darunter auch die Industrievereinigung Chemiefaser e.V. (IVC). Deren Mitgliedsunternehmen haben sich auf freiwilliger Basis dazu bereit erklärt, über die üblichen Produktinformationen hinaus Datenblätter zur Produktsicherheit von Fasererzeugnissen zu erstellen und in ständig aktualisierter Form vorzuhalten[183].

Abb. 4.1.: Logo des Responsible Care Programms[184]

5. Ökosiegel

Mit Ökolabeln gekennzeichnete Bekleidung soll es dem Verbraucher erleichtern ökologische, haut-freundliche und fair produzierte Ware als solche zu erkennen.

Die Kennzeichnung von Textilien aus ökologischer Produktion ist derzeit innerhalb der EU noch nicht umfassend geregelt. Gesetzlich geschützt und kontrolliert ist nur der Begriff kbA (kontrolliert biologi-scher Anbau) für die Ausgangsprodukte, also z.B. Rohbaumwolle oder kbT (kontrolliert biologische Tierhaltung) für Schafwolle. Es gibt kein einheitliches Ökotextil-Zeichen, sondern verschiedene La-bels, die unterschiedliche Kriterien berücksichtigen.

Daher gibt es Labels, die sowohl Gesundheits-, Umwelt- und soziale Kriterien berücksichtigen, wie z.B. das GOTS und das IVN Label Naturtextil. Andere wiederum stehen nur für die Einhaltung von ein oder zwei der genannten Kriterien. Es gibt jedoch vertrauenswürdige Ökotextil-Zeichen und auch eine große Nachfrage beim Verbraucher danach, zertifizierte Ware damit zu kennzeichnen.

So äußerten sich 72% der Befragten im Handel bei einer Anfang 2008 von der Deutschen Zertifizie-rungsstelle Öko-Tex in Auftrag gegebenen und von BBE Retail Experts durchgeführten Studie positiv zu einer verstärkten Auszeichnung zertifizierter Textilien[185].

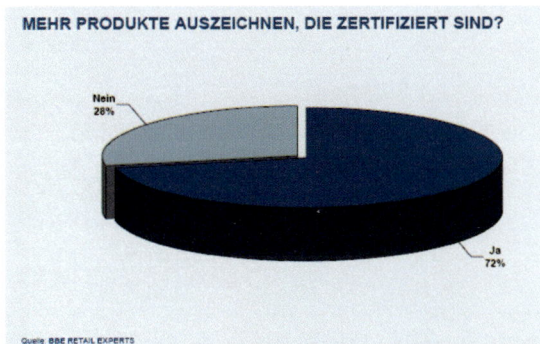

Abb. 5.1.: Nachfrage nach Auszeichnung zertifizierter Produkte[186]

Abb. 5.2.: Bedeutung von Textilsiegel-Auszeichnungen direkt am Produkt[187]

Neben Ökosiegeln, die durch unabhängige Institute vergeben werden, existieren noch eine Vielzahl an unternehmensbezogenen Markenzeichen. Das bekannteste Siegel im Handel ist dabei der Öko-Tex Standard 100, welches jedoch lediglich eine Aussage über die Schadstofffreiheit des Produkts gibt, nicht jedoch über die Erfüllung ökologischer Anforderungen.

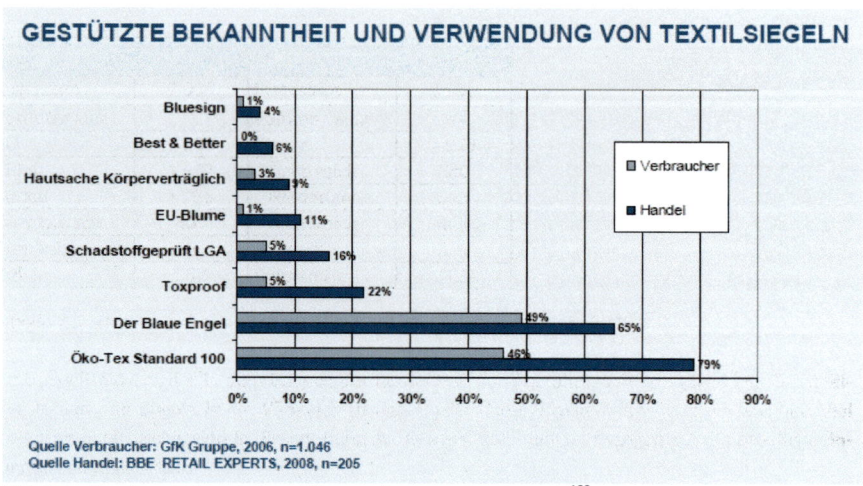

Abb. 5.3.: Gestützte Bekanntheit und Verwendung von Textilsiegeln[188]

Genauso zertifiziert das bei den Verbrauchern bekannteste Siegel, der „blaue Engel", nicht Textilien/Bekleidung an sich, sondern nur die Textilreinigung[189]. Seine Präsenz im Büro-, Wohn- und Baubereich ist jedoch beachtlich und hat wie man an der Studie erkennen kann, auch ihre Wirkung gezeigt.

Ein höherer Bekanntheitsgrad spricht nun nicht automatisch für eine höhere Qualität des Siegels. Oft besitzen unbekanntere Siegel strengere Anforderungen, die weniger Produkte/Unternehmen erfüllen können und sind deshalb im Handel weniger präsent.

Zusätzlich dazu besteht großer Informationsbedarf zu den einzelnen Siegeln. Mangelndes Marketing gepaart mit schlechtem Labeling erschwert den Verbrauchern eine eindeutige Wahl unter der Vielzahl an Ökosiegeln, da die Vergabekriterien von Label zu Label unterschiedlich sind.

Im Folgenden werden Ökosiegel erläutert, die an anderer Stelle auch als ökologisch empfehlenswert eingestuft werden. Alle anderen Siegel sollen nur mit kurzem Kommentar angeführt werden.

5.1. GOTS

Mit dem Ziel ein global gültiges ökosiegel zu erarbeiten wurde 2002 eine internationale Arbeitsgruppe bestehend aus dem Internationalen Verband der Naturtextilwirtschaft e.V. (IVN – Deutschland), der Soil Association (SA – England), der Organic Trade Organisation (OTA – USA) und der Japan Organic Cotton Association (JOCA – Japan) gegründet, die als Ergebnis ihrer Arbeit bereits 2005 den Global Organic Textile Standard vorstellte[190].

Dieser weltweit geltende Standard definiert Anforderungen, „um den ökologischen Status von Textilien von der Gewinnung textiler Rohfasern über umweltverträgliche und sozial verantwortliche Her-

stellung bis zur Kennzeichnung der Endprodukte zu gewährleisten und dadurch eine glaubwürdige Produktsicherheit für den Endverbraucher zu erzielen"[191].

Abb. 5.4.: GOTS Logo[192]

Der Geltungsbereich des GOTS reicht dabei vom Anbau über die Verarbeitung, Konfektion, Verpackung, Etikettierung, Export, Import und Vertrieb aller Textilien aus Naturfasern.

Je nach Faserzusammensetzung des Endproduktes gliedert sich das Label in die Bereiche „ökologisch" oder „ökologisch in Umstellung", wenn nachgewiesen werden kann, dass ökologische Fasern nicht in ausreichender Menge, Qualität oder Art zur Verfügung stehen. Der Pflichtanteil an ökologischen Fasern muss jedoch 70-95% betragen und nur 10% des Restanteils dürfen aus bestimmten regenerierten oder synthetischen Chemiefasern (Viskose, Acetat, Tencell, Lyocell, Polyester, Polyurethan, Polyamid) bestehen. Die Zertifizierung als auch die Inspektion werden von einem durch die IFOAM (International Federation of Organic Agriculture Movements) akkreditierten oder international anerkannten (nach ISO 65) Zertifizierer durchgeführt.

Der GOTS gliedert sich neben sozialen Anforderungen in:

Anforderungen an den Einsatz von:
- Substanzgruppen (z.B. AOX, Formaldehyd)
- Farb- und Hilfsstoffen
- Zusatzstoffen für den Spinnvorgang
- Schlichtemitteln
- Zusatzstoffen für den Web-/Strick- und Wirkvorgang

Anforderungen an die Vorgänge/ Zusammensetzung der:
- Faser/Endprodukt
- Vliesherstellung
- Vorbehandlungsstufen, Nassverarbeitung
- Färben
- Drucken
- Ausrüstung
- Zutaten und Accessoires
- Umweltmanagement
- Abwasseraufbereitung
- Lagerung-, Verpackung und Transport
- Buchführung und interne Qualitätskontrolle
- Technische Qualitätsparameter
- Orientierungswerte für Rückstände in ökologischen Textilien
- Orientierungswerte für Rückstände in Zutaten und Accessoires

5.2. Unabhängige Zertifikate

5.2.1. Qualitätszeichen NATURTEXTIL

Mit dem Qualitätszeichen NATURTEXTIL gekennzeichnete Bekleidung besteht vollständig aus Natur-fasern[193] und erfüllt strenge ökologische, soziale (nach ILO Normen)[194] als auch gesundheitsbezogene Anforderungen entlang der gesamten textilen Kette[195].

Vergeben wird das Qualitätszeichen in zwei Auszeichnugsstufen:

- „Better" – bei Erfüllung der ökologischen und sozialen Basisanforderungen
- „Best" – bei Erfüllung der höchsten zurzeit realisierbaren Öko-Standards in der Textilbranche

Die Vergabe erfolgt durch den Internationalen Verband der Naturtextilindustrie (IVN) an Hersteller von Naturtextilien, die Einhaltung der Kriterien wird jedoch von unabhängiger Stelle in jeder Produktionsstufe überprüft[196].

Bedingt durch die Mitarbeit des IVN am GOTS besteht eine starke Ähnlichkeit zwischen den Anforderungen der IVN-Textil-Richtlinien und dem GOTS[197].

Abb. 5.5.: IVN Label[198]

5.2.2. Öko-Tex Standard 100plus

Abb. 5.6.: Öko-Tex Standard 100plus Label[201]

Das Öko-Tex Standard 100plus Label ist eine Kombination aus dem Öko-Tex Standard 100 und dem Öko-Tex Standard 1000 und wird nur an Unternehmen vergeben, die die Anforderungen beider Standards erfüllen[199].

Die damit gekennzeichneten Produkte sind schadstoffgeprüft (Öko-Tex Standard 100) und wurden umweltfreundlich und sozial verantwortlich über die gesamte Produktionskette hinweg (Öko-Tex Standard 1000) hergestellt[200].

Die im Standard verankerten Anforderungen bezüglich der Schadstoffe (Schwermetalle, Pestizide, Formaldehyd, krebserregende Farbstoffe, etc.) erfüllen in erster Linie gesetzliche Bestimmungen und gehen teilweise darüber hinaus[202]. Die Einhaltung der Kriterien wird von unabhängigen Instituten, in Deutschland das Forschungsinstitut Hohenstein in Bönnigheim[203], nach definierten Verfahren ge-prüft[204].

5.2.3. Europäisches Umweltzeichen

Mit dem Europäischen Umweltzeichen, der „EU-Blume", werden Textilien gekenn-zeichnet, die verglichen mit Erzeugnissen der gleichen Produktgruppe über den gesamten Produktzyklus bei gleichbleibender Qualität geringere Umweltauswir-kungen (eingeschränkte Verwendung wasser- und luftbelastender Substanzen) und eine geringere Gefahr allergischer Reaktionen beim Verbraucher haben[205].

Abb. 5.7.: EU-Blume[206]

Herausgeber des Europäischen Umweltzeichens ist die Europäische Kommission. Die zuständigen Stellen in Deutschland, die an der Vergabe des Zeichens beteiligt sind, sind das Umweltbundesamt und der RAL, das Deutsche Institut für Gütesicherung und Kennzeichnung e.V.

5.2.4. ECOPROOF

Das ECOPROOF-Zeichen kennzeichnet Textilien, die umweltschonend und sozialverträglich produziert wurden und die schadstoffgeprüft sind. Grundlage für die Kennzeichnung mit ECOPROOF sind die

folgenden Kriterien:

Das Zeichen kennzeichnet Textilien, die umweltschonend und sozialverträglich (Einhaltung sozialer Standards, z.B. zu Kinderarbeit oder Arbeitsschutz) produziert wurden und die schadstoffgeprüft sind.

Abb. 5.8.: ECOPROOF Label[207]

So müssen die Verpackungsmaterialien wiederverwertbar sein und Flugzeuge als Transportmittel ausgenommen werden[208]. Ein Warenpass, der dem Produkt beigelegt ist, dokumentiert die Entstehungsgeschichte des Textils. Das ECOPROOF-Zeichen geht weit über eine reine Schadstoffprüfung am Endprodukt, wie z.B. bei TOXPROOF oder Öko-Tex-Standard 100, hinaus[209].

5.2.5. bluesign

Der bluesign®-Standard, aus einer Projektinitiative der Schoeller Textil AG entstanden, bewertet Produkte nach den Kriterien Ressourcenproduktivität, Verbraucherschutz, Immissionsschutz, Gewässerschutz und Arbeitsschutz entlang der kompletten textilen Kette. Die Anforderungen decken globale Richtlinien (GOTS, Environmental, Chemical and Factory Minimum Standard" (C99) Marks & Spencer, RSL Levis, RSL Nike, Richtlinien der "World Federation of Sporting Goods Industry" (WFSGI) ab.

Abb. 5.9.: bluesign® Logo[210]

Um eine möglichst effiziente und wirtschafliche Umsetzung der Produktion bezüglich Ressourcenproduktivität und EHS (Environment, Health, Safety = Umwelt, Gesundheit,
Sicherheit) zu gewährleisten wird das Input Stream Management eingesetzt, dass die Verwendung gefährlicher Substanzen schon vor Beginn der Produktion ausschließt.
Zusätzlich hat die mittlerweile unabhängige bluesign technologies AG mit dem bluefinder™ eine online Datenbank erstellt, die alle bluesign® zertifizierten Komponenten, wie z.B. Hilfsmittel, Farbstoffe und Ausrüstungsmittel enthält, um Textilhersteller bei ihrer Suche nach Textilchemikalien zu unterstützen.
Namhafte Akteure in der Textilindustrie, wie z.B. Patagonia Inc., Formosa Taffeta Co., Ltd., Everest Textile Co., Ltd., Schoeller Textil AG, Zimtstern GmbH, Sympatex Technologies GmbH, DyStar Textilfarben GmbH haben sich für die Zertifizierung mit dem bluesign®-Standard entschieden[211].

Für das „Footprint Chronicles" Projekt des Outdoor Unternehmens Patagonia, durch welches Verbraucher auf der Homepage die ökologischen Auswirkungen der kompletten Produktion von verschiedenen Artikeln nachverfolgen können (Transportweg, CO_2 Ausstoß, Abfallwert und Energieverbrauch) hat die bluesign technologies AG die Lebenszyklus Daten geliefert[212].

5.3. Herstellereigene Labels

5.3.1. Hess Natur

Das Unternehmen Hess Natur, welches mit dem Organic Textil Award der IFOAM und dem Public Eye Positive Award als besonders verantwortungsvolles Unternehmen ausgezeichnet wurde[213], setzt im deutschsprachigen Raum die höchsten ökologischen Ansprüche an seine Produkte. Aufgrund eines Vollsortiments naturtextiler und ökologischer Bekleidung ist die Markenkennzeichnung mit einem Öko-Label gleichzusetzen. Als erstes deutsches Unternehmen lässt es seine Kleidung durch eine unabhängige Kontrollinstanz (Fair Wear Foundation) sicherstellen und unterstützt kontinuierlich soziale Projekte und Kooperationen[214], wie z.B. mit Helvetas und dem Nobelpreisträger Muhammad Yunus[215].

Abb. 5.10.: Hess Natur Logo[216]

5.3.2. LamuLamu

Mit dem LamuLamu Label gekennzeichnete Kleidung besteht zu 100% aus biologisch angebauter Baumwolle. Dabei untersteht die gesamte Produktionskette höchsten ökologischen (IVN-Richtlinien) und sozialen (ILO-Standard) Anforderungen und ständiger Kontrolle und Zertifizierung durch das IMO (Institut für Marktökologie)[217].
Das Label ist eine Eigenmarke des Landjugendverlags GmbH, einer Tochter der Katholischen Landjugendbewegung (KLJB), und hat u.a. in der Kampagne für saubere Kleidung (Clean Clothes Campaign – CCC), Transfair und dem Weltladen Dachverband Kooperationspartner gefunden[218].

Abb. 5.11.: LamuLamu Logo[219]

5.3.3. Green Cotton

Das von dem dänischen Unternehmen Novotex, das an den Richtlinien der EU-Blume mitgearbeitet hat, vergebene Label Green Cotton steht für Kleidung aus ökologischer Baumwolle, die umweltfreundlich hergestellt wurde und gesundheitlich unbedenklich ist.

Abb. 5.12.: Green Cotton® Logo[220]

Novotex wurde für seine Bemühungen im Umweltmanagement von der Europäischen Kommission und den Vereinten Nationen (UNEP) für seine Umweltleistungen ausgezeichnet. So setzt das Unternehmen z.B. in seinen Produktionsstätten neueste Technologien ein, um die Belastung durch Lärm und Feinstaub für die Arbeiter möglichst niedrig zu halten[221].

Die Anforderungen des Labels werden ständig durch die CU (Control Union World Group), welche auch das „EKO Sustainable Textile Label" vergibt, nach den GOTS Richtlinien zertifiziert[222].

5.3.4. PURE WEAR

PURE WEAR ist das Qualitätszeichen des Otto Versands, dem derzeit größten Anbieter von Öko-Kleidung in Deutschland, gefolgt von Hess Natur[223]. Kleidung mit dem Siegel ist schadstoffgeprüft und

PURE WEAR®
Die reinste Faser.

besteht zu mindestens 50% aus Baumwolle aus kontrolliert biologischem Anbau[224].

Abb. 5.13.: PURE WEAR Logo[225]

Die Biobaumwolle wird von der Control Union zertifiziert und eventuelle Schadstoffe in der Kleidung mit dem von dem Deutschen Textilforschungsinstitut Nord-West (DTNW) für Textilien entwickelten „Ciliaten-Test" zweifelsfrei aufgespürt, bei dem Einzeller (Ciliaten), die sich chemischen Substanzen gegenüber ähnlich wie menschliche Hautzellen verhalten, eingesetzt werden[226].

Alle Lieferanten müssen einen Audit der BSCI (Business Social Compliance Initiative) nachweisen[227].

5.4. Schadstoffsiegel

Schadstoffsiegel decken "lediglich" den Bereich der Humanökologie ab, stellen andererseits aber bei der Kleidungswahl eine wertvolle Hilfe für den Verbraucher dar, da sie Textilien kennzeichnen, von denen keine gesundheitliche Gefährdung ausgeht.

5.4.1. Öko-Tex Standard 100

Der Öko-Tex Standard 100 ist ein weltweit anerkanntes Prüf- und Zertifizierungssystem, wobei die Zertifizierung nach festgelegten Standards durch unabhängige und anerkannte Institute der Internationalen Gemeinschaft für Forschung und Prüfung auf dem Gebiet der Textilökologie erfolgt.

Das Label „Textiles Vertrauen" bestätigt Textilprodukten, dass sie hinsichtlich möglicher Schadstoffbelastungen gesundheitlich unbedenklich sind.

Abb. 5.14.: Öko-Tex 100 Standard Label[228]

Der Standard 100 umfasst dabei:

- die allgemeinen, für alle textilen Erzeugnisse gültigen Anforderungen
- die Gestaltung der Qualitätskontrolle
- die Beschreibung der Prüfverfahren und die Durchführungsvorschriften (auch der textilen Zwischenprodukte, wie Garne und noch nicht konfektionierter Textilien)

Die in diesen Vorschriften definierten Schadstoffe und Grenzwerte orientieren sich am Verwendungszweck (Ausstattungsmaterialien, Oberbekleidung, hautnahe Bekleidung, Babybekleidung) des Textilproduktes[229].

Die deutsche Vertretung der Öko-Tex Institute bildet das Forschungsinstitut Hohenstein[230].

5.4.2.TOXPROOF

Mit dem TOXPROOF Siegel werden am Endprodukt schadstoffgeprüfte Textilien gekennzeichnet, die keine gesundheitlichen Risiken für den Verbraucher darstellen. Weitere ökologische Aspekte wie Ressourcen- und Energieschonung sind nur von untergeordneter Bedeutung[231].

Abb. 5.15.: TOXPROOF Label[232]

5.4.3. SG – Schadstoffgeprüft

Mit dem "Schadstoff-geprüft"-Zeichen, kurz SG-Zeichen genannt, werden schadstoffgeprüfte Lederwaren gekennzeichnet. Der Zeichenvergabe liegen die folgenden Prüfkriterien zugrunde:
Der SG-Prüfkriterienkatalog wurde unter Zusammenarbeit von Experten der TÜV Produkt und Umwelt GmbH, dem Institut Fresenius GmbH und dem Prüf- und Forschungsinstitut Pirmasens entwickelt. Die Prüfung der Einhaltung der Kriterien sowie die Vergabe des Zeichens erfolgt ebenfalls durch eines der drei Institute.
Die Anforderungen an die Grenzwerte gehen in der Regel über den gesetzlichen Standard hinaus[233].

Abb. 5.16.: Schadstoffgeprüft Label[234]

5.4.4. Hautfreundlich, weil schadstoffgeprüft (Otto Group)

Das Label "Hautfreundlich, weil schadstoffgeprüft" ist eine Eigenmarke der Otto Group und kennzeichnet schadstoffgeprüfte Textilien aus Natur-, Chemie- und Mischfasern. Der von der Otto Group entwickelte Kriterienkatalog lehnt sich stark an den Öko-Tex-Standard 100 an und gliedert sich in die drei Kategorien: hautfern, hautnah und Baby-/Kinderkleidung, mit steigend strengeren Kriterienwerten[235].

Abb. 5.17.: Hautfreundlich, weil schadstoffgeprüft (Otto Group) Label[236]

5.4.5. Hautfreundlich, weil schadstoffgeprüft (Quelle)

Ähnlich wie die Otto Group vergibt das Versandhaus Quelle sein Label "Hautfreundlich, weil schadstoffgeprüft" textilen Produkten in seinen Sortimenten, die den Anforderungen des Öko-Tex Standard 100 entsprechen.

Durch Prüfzertifikate des Öko-Tex Standard 100 oder anderer anerkannter Prüfinstitute müssen die Lieferanten bescheinigen, dass die gelieferten Textilien den geforderten Standard einhalten und keine gesundheitsgefährdenden Rückstände aufweisen. Stichproben werden dabei durch Institute der Öko-Tex Standard 100 Gemeinschaft sowie durch das hauseigene Textillabor vorgenommen[237].

Abb. 5.18.: Hautfreundlich, weil schadstoffgeprüft (Quelle) Label[238]

5.4.6. Hautsache körperverträglich - medizinisch getestet und schadstoffgeprüft

Das Zeichen "medizinisch getestet und schadstoffgeprüft" wird von der Fördergemeinschaft körperverträglicher Textilien (FKT) e.V. vergeben und basiert auf gesundheitlichen Kriterien, die über gesetzliche Vorgaben hinausreichen.

Abb. 5.19.: Hautsache körperverträglich – medizinisch getestet und schadstoffgeprüft Label[239]

Zwar ist durch die Untersuchung auf Hautverträglichkeit als auch den Schadstoffgehalt des Endprodukts der Ansatz des Siegels umfassender als der manch anderer Textilsiegel, dieser wird jedoch durch die mangelnde Unabhängigkeit des Zeichens wieder wett gemacht. Denn sowohl das Prüfinstitut in Denkendorf als auch die Empfänger des Zeichens sind Mitglieder der FKT e.V.[240].

6. Ökobilanz

Eine Ökobilanz ist generell in Produkt- und Betriebsökobilanz gegliedert, im Folgenden wird jedoch nur auf Ersteres eingegangen.

Laut DIN EN ISO 14040:1996 ist die Produkt-Ökobilanz eine Methode bei der "Umweltaspekte und potentielle Umweltwirkungen wie Ressourcennutzung, menschliche Gesundheit und ökologische Wirkungen im Verlauf des Lebenswegs eines Produktes von der Rohstoffgewinnung über Produktion, Anwendung bis zur Beseitigung untersucht werden". Hierfür werden relevante Input- und Output-flüsse eines Systems in einer Sachbilanz zusammengestellt und nach ihren potentiellen Umweltwirkungen beurteilt. Aus dieser Beurteilung können anschließend Möglichkeiten zur Verbesserung der Umwelteigenschaften von Produkten in den verschiedenen Phasen ihres Lebensweges und Entscheidungen in Industrie, Regierungen oder nichtstaatlichen Organisationen (z.B. bei der strategischen Planung, Produkt- oder Prozessentwicklung) und für die Auswahl von relevanten Indikatoren für Umweltleistungen als auch für Marketingzüge (z.B. Umweltkennzeichnung oder umweltbezogene Produktdeklarierung) abgeleitet werden.[241]

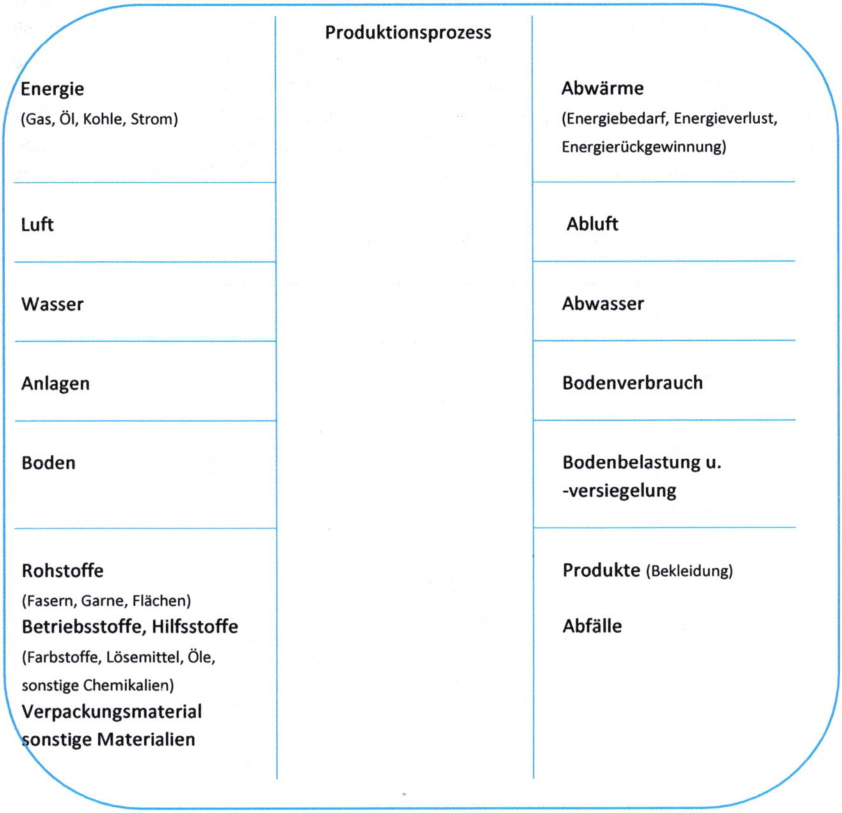

Produktionsprozess

Eingang	Ausgang
Energie (Gas, Öl, Kohle, Strom)	**Abwärme** (Energiebedarf, Energieverlust, Energierückgewinnung)
Luft	**Abluft**
Wasser	**Abwasser**
Anlagen	**Bodenverbrauch**
Boden	**Bodenbelastung u. -versiegelung**
Rohstoffe (Fasern, Garne, Flächen) **Betriebsstoffe, Hilfsstoffe** (Farbstoffe, Lösemittel, Öle, sonstige Chemikalien) **Verpackungsmaterial** **sonstige Materialien**	**Produkte** (Bekleidung) **Abfälle**

Abb. 6.1.: Methodik der Produktbilanz (Bekleidung)
Im weiteren Verlauf sollen verschiedene Fasern auf den mit ihrer Bekleidungsherstellung verbundenen Energie- und Ressourcenbedarf und CO_2-Ausstoß untersucht und verglichen werden.

6.1. Energiebedarf

Als Überblick wird vorweg eine durchschnittliche Darstellung des Energiebedarfs (Primärenergie) entlang der textilen Kette zugrunde gelegt.

Sie bezieht sich auf den Lebenszyklus von Feldbekleidung aus den Materialien CO, PES & CO/PES und beinhaltet Näherungswerte für große stoff-, produktions- und anwendungsbedingte Schwankungen bezogen auf 1kg Produkt, eine Nutzungsdauer von vier Jahren und einen vierzehntägigen Pflegezyklus.

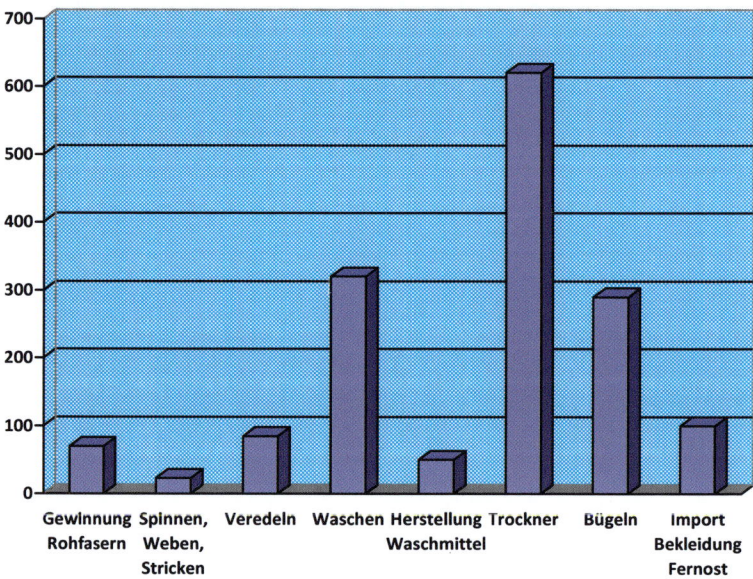

Abb. 6.2.: Primärenergiebedarf in der textilen Kette in MJ[242]

Zusatz: Bei den durchschnittlichen Näherungswerten handelt es sich um folgende Werte: Gewinnung Rohfasern: 70 MJ, Spinnen/ Weben/ Stricken: 23MJ, Veredeln: 85 MJ, Waschen: 320 MJ, Herstellung Waschmittel: 50 MJ, Trockner: 620 MJ, Bügeln: 290 MJ, Import Bekleidung Fernost: 100 MJ

Es wird hieraus eindeutig ersichtlich, dass mit der Gebrauchsphase Waschen, Trocknen (im Trockner) und Bügeln die umweltrelevantesten Einzelmomente bezogen auf den Energiebedarf in der textilen Kette darstellen. Zugleich muss an dieser Stelle eine Akzentuierung auf die Abhängigkeit des Energiebedarfs vom Gewebetyp gelegt werden, da als Musterbeispiel reine Baumwollgewebe im Trockner etwa viermal soviel Energie benötigen wie ein reines PES-Gewebe.

Weiterhin besitzt auch die Art der textilen Fläche Einfluss auf den Energiebedarf, welcher bei der Maschenwarenherstellung z.B. niedriger liegt als beim Weben.

Die Konfektion der Kleidung wurde in diese Abbildung nicht aufgenommen, da sie relativ gesehen unbedeutend ist.

Ferner ist auch die Wahl der Transportmittel entlang der textilen Kette von Bedeutung, da z.B. der Energieverbrauch beim LKW-Transport bis zum Sechsfachen über dem des Bahntransports und über große Entfernungen auch über dem des Frachtschiffes liegt.

Die Unterschiede im Energiebedarf im Lebenszyklus von Bekleidung aus verschiedenen Rohstoffen sollen weiterhin an der häufig verwendeten Gewebemischung 50% CO, 50% PES im Vergleich zu reinen Baumwoll- und Polyestergeweben verdeutlicht werden. Beispielhaft dafür wird die Herstellung eines Herrenhemdes und dessen Textilpflege (bezogen auf 50 Waschzyklen) herangezogen.

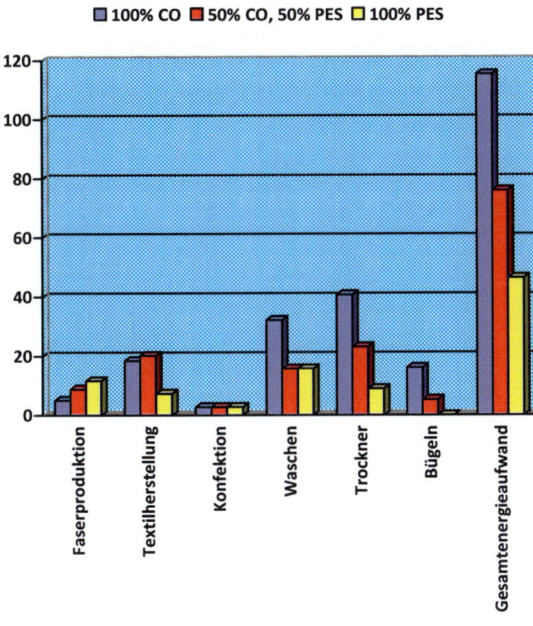

Abb. 6.3.: Energiebedarf für die Herstellung und Textilpflege von Herrenhemden in kWh[243]

Zusatz: Tabelle der exakten Zahlenwerten Energiebedarf für die Herstellung und Textilpflege von Herrenhemden in kWh

	Faserproduktion	Textilherstellung	Konfektion	Waschen	Trockner	Bügeln	Gesamtenergieaufwand
100% CO	5	18,5	2,8	32,2	40,8	16,2	115,5
50% CO, 50% PES	8,8	20,2	2,8	15,8	23,2	5,3	76,1
100% PES	11,6	7,3	2,8	15,8	8,9	/	46,4

Zwar wird für die Herstellung von Polyesterfasern am meisten Energie benötigt, in allen anderen Bereichen des aufgeführten Lebenszyklus schlägt der Rohstoff Polyester positiver zu Buche. Zurückzuführen ist dies auf die bekleidungsphysiologischen Eigenschaften der Faser, die dazu führen, dass aus Polyester gefertigte Bekleidung sehr pflegeleicht ist, rasch trocknet und nicht bzw. kaum knitteranfällig ist und deswegen auf das Bügeln verzichtet werden kann.

Nach der Gebrauchsphase besteht die Möglichkeit der thermischen Verwertung der Kleidungsstücke. Diese ist im Vergleich zum biologischen Abbau zwar ökologisch bedenklicher, der Anteil der momentan vollständig biologisch abbaubaren Fasern ist aufgrund der chemischen Ausrüstung jedoch noch sehr gering.

Die aus der thermischen Verwertung gewonnenene Energie kann in Form von Fernwärme zu Heizzwecken genutzt werden und somit dabei helfen Primärenergie einzusparen.

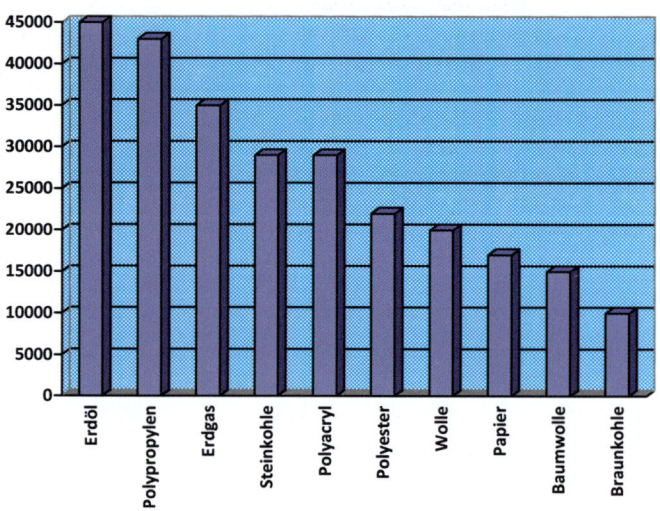

Abb. 6.4.: Heizwerte ausgewählter Energieträger in kJ/kg[244]

Zusatz: Die exakten Zahlenwerte sind Erdöl: 45.000 kJ/kg, Polypropylen: 43.000 kJ/kg, Erdgas: 35.000 kJ/kg, Steinkohle: 29.000 kJ/kg, Polyacryl: 29.000 kJ/kg, Polyester: 22.000 kJ/kg, Wolle: 20.000 kJ/kg, Papier: 17.000 kJ/kg, Baumwolle: 15.000 kJ/kg, Braunkohle: 10.000 kJ/kg.

Ableitbar aus ihrer Herstellung und der dafür benötigten Energie erzielen bei der thermischen Verwertung synthetische Chemiefasern die besten Werte.

6.2. Wasserverbrauch

Der Kontrast im Wasserverbrauch liegt entlang der textilen Kette bereits bei der Rohstoffgewinnung zum Nachteil landwirtschaftlich angebauter Naturfasern. So benötigt man zum Anbau der mitunter wasserintensivsten Pflanze, der Baumwolle, etwa 6000-mal so viel Wasser, wie zur Produktion der gleichen Menge Polyesterfasern notwendig ist. Dieser Wert ist vor dem Hintergrund von globaler Wasserknappheit ökologisch bedenklich und wird auch durch die Umstellung zu Biobaumwollanbau keineswegs modifiziert.

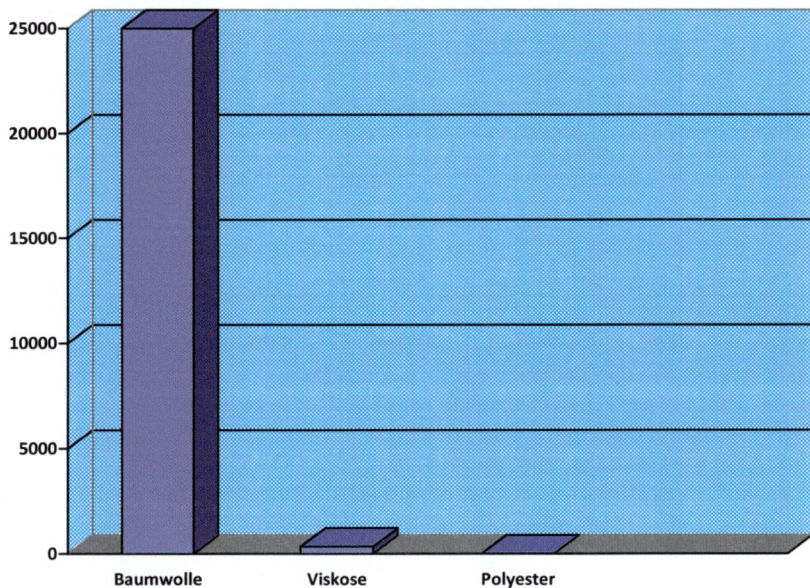

Abb. 6.5.: Wasserverbrauch für die Herstellung einer Tonne Fasern in m³ [245]

Zusatz: Die exakten Zahlenwerte für den Wasserverbrauch für die Herstellung einer Tonne Fasern liegen bei Baumwolle bei 25.000 m³, bei Viskose bei 350 m³ und bei Polyester bei 4 m³.

Zum Vergleich des Wasserverbrauchs über den Lebenszyklus eines Kleidungsstücks (1kg Gewicht, 12 Waschgänge) zwischen Naturfasern und Synthetikfasern soll ein kurzer Umriss mit den Bereichen Faserproduktion, Weben und Textilpflege gegeben werden.

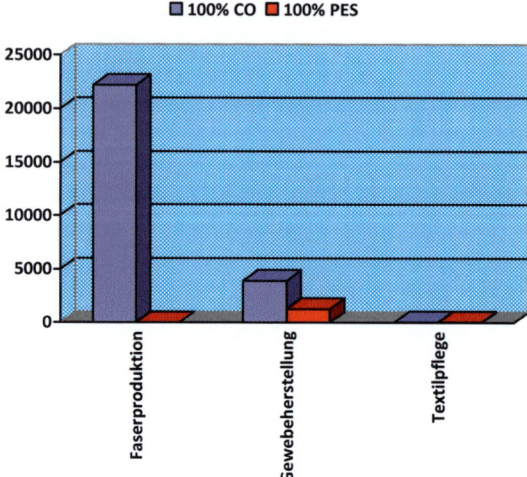

100% CO **100% PES**

Abb.6.6.: Wasserverbrauch innerhalb des Lebenszyklus von Bekleidung in m³ [246]

Zusatz: Die exakten Zahlenwerte des Wasserverbrauchs in diesem Beispiel für die Faserproduktion liegen für Baumwolle bei 22.200 m³ und für Polyester bei 17 m³, für die Gewebeherstellung für Baumwolle bei 3.900 m³ und für Polyester bei 1.291 m³ und für die Textilpflege bei egalen 49 m³ für beide Faserarten.

Anhand der Darstellung kann nur nochmals deutlich veranschaulicht werden, dass bezogen auf den Wasserverbrauch die Baumwollfaserproduktion äußerst umweltbelastend ist. Der geringere Wasserverbrauch von Polyester bei der Gewebeherstellung ergibt sich aus der niedrigeren Notwendigkeit zur Vorbehandlung der Faser für den Webvorgang.

6.3. Flächenbedarf

Ähnlich der Wasserverbrauchsanalyse, stellt auch die Analyse des Flächenbedarfs einen Vergleich in der Nachhaltigkeit von Chemiefasern zu Naturfasern dar.

Drastischer als für die pflanzlichen Naturfasern ist der Bedarf an dieser Stelle jedoch für tierische Naturfasern, konkret Wolle. Denn obwohl der Wollanteil nur 2% der weltweiten Faserproduktion ausmacht, werden 55% der für die Faserproduktion benötigten Fläche für die Wollgewinnung eingenommen.

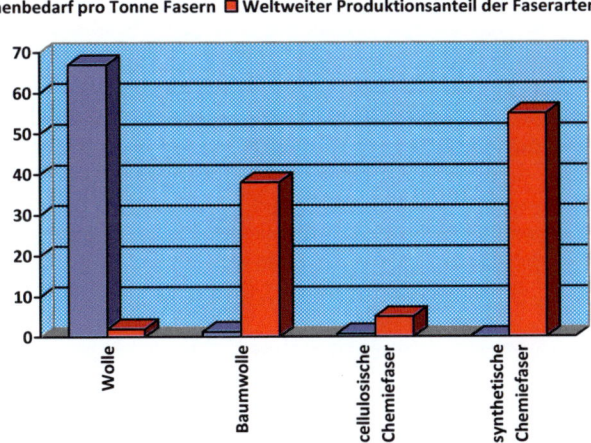

Abb.6.7.: Flächenbedarf pro Tonne Fasern in ha im Vergleich zum weltweiten Produktionsanteil der Faserarten[247]

Zusatz: Die exakten Zahlenwerte liegen für Wolle bei einem Flächenbedarf von 67 ha (2% Faseranteil an weltweiter Faserproduktion), für Baumwolle bei 1,3 ha (38% Faseranteil an weltweiter Faserproduktion), für cellulosische Chemiefasern bei 0,8 ha (5% Faseranteil an weltweiter Faserproduktion) und für synthetische Chemiefasern bei 0 ha (55% Faseranteil an weltweiter Faserproduktion).

Über die Rohstoffgewinnung hinaus gibt es kaum noch Unterschiede im Flächenbedarf. Denn die von da ab benötigte Fläche drückt sich in Form von Anlagen jeglicher Art zur textilen Flächenherstellung, Veredlung, Ausrüstung und Konfektion aus, welche nicht mehr pro Faserart kategorisiert werden können.

6.4. Toxizität

Wie im Kapitel über die ökologische Nachhaltigkeit der textilen Kette herausgearbeitet, werden Textilien und Bekleidung über ihren vollständigen Lebenszyklus hinweg mit Chemikalien behandelt, seien es Schlichtemittel, Farbstoffe, Ausrüstungsmittel oder Waschmittel. Nach der Rohstoffgewinnung werden alle Fasern ähnlich behandelt, so dass sich der Einsatz der Chemikalien primär nach dem Ausrüstungsverfahren richtet und sekundär nach der Faserart. Bei genauerer Untersuchung wird jedoch deutlich, dass der gewichtigste Einsatz von giftigen Chemikalien gerade in der Rohstoffgewinnung eingesetzt wird, v.a. bei Baumwolle.

Deshalb sollen an dieser Stelle die Vorteile von Biobaumwolle anhand der Lebenszyklen zweier T-Shirts, zum einen aus konventioneller Baumwolle und zum anderen aus Biobaumwolle, erörtert werden. Mit Ausnahme des Rohstoffes sind beide untersuchten T-Shirts in ihrer Herstellung und Pflege identisch.

So wird angenommen, dass die gestrickten T-Shirts mit Reaktivfarbstoffen gefärbt sind und bei 60° C in der Waschmaschine gewaschen werden (25-mal in ihrem Lebenszyklus). Weiterhin geht man davon aus, dass die Baumwolle in den USA geerntet und auch dort zu Garn versponnen wird, in China dann verstrickt, gefärbt, zugeschnitten und zusammengefügt wird und letztendlich in Europa verkauft, getragen, gepflegt und entsorgt wird.

Das Toxizitätsprofil wird dabei für die einzelnen aufgeführten Stufen der textilen Kette als Prozentsatz in Abhängigkeit von der Gesamteinwirkung an toxischen Stoffen dargestellt.

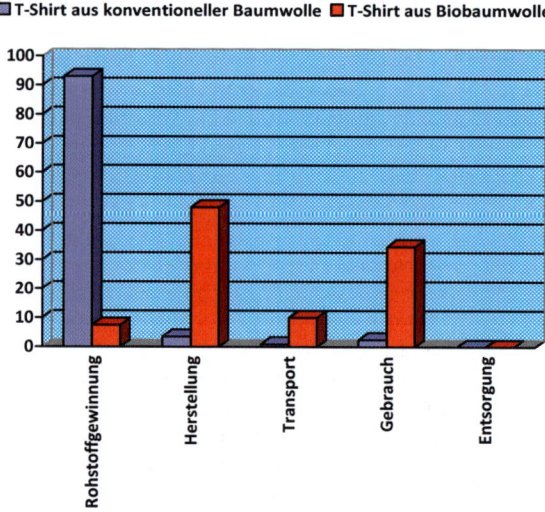

Abb.6.8.: Toxizitätsprofil von Baumwoll-T-Shirts in Abhängigkeit von der Gesamttoxizität ihres Lebenszyklusses[248]

Zusatz: Die exakten Zahlenwerte sind für die Rohstoffgewinnung bei konventioneller Baumwolle 93 % und bei Biobaumwolle 7,5 %, für die Herstellung bei konventioneller Baumwolle 3,5 % und bei Biobaumwolle 48,0 %, für den Transport bei konventioneller Baumwolle 1,0 % und bei Biobaumwolle 10 %, für den Gebrauch bei konventioneller Baumwolle 2,5 % und bei Biobaumwolle 34,5 % und bei der Entsorgung belaufen sich die Werte egal auf 0 %.

Wie aus der Darstellung ersichtlich, kann durch den Einsatz von Biobaumwolle bei der Bekleidungsherstellung die Gesamttoxizität auf bis zu 10 % der Gesamttoxizität von konventioneller Baumwolle
reduziert werden. Durch den enormen Prozentanteil von über 90 % der Gesamttoxizität wird zugleich
an dieser Stelle nochmals die Giftigkeit von Insektiziden, Herbiziden, Fungiziden, Dünge- und Entlaubungsmitteln verdeutlicht.

Durch ihren Wegfall verschieben sich die Toxizitätswerte, sodass die Akzente nun im Produktionsprozess und in der Gebrauchsphase angesiedelt sind. Eine feinere Aufsplittung des Lebenszyklus des
Biobaumwoll-T-Shirts demonstriert darüber hinaus, dass die Toxizität in diesen beiden Bereichen
vornehmlich in der Ausrüstung und im Waschen liegt.

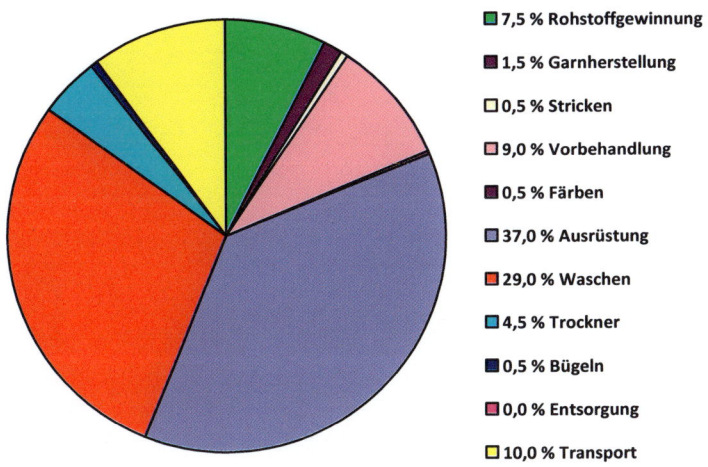

- 7,5 % Rohstoffgewinnung
- 1,5 % Garnherstellung
- 0,5 % Stricken
- 9,0 % Vorbehandlung
- 0,5 % Färben
- 37,0 % Ausrüstung
- 29,0 % Waschen
- 4,5 % Trockner
- 0,5 % Bügeln
- 0,0 % Entsorgung
- 10,0 % Transport

Abb. 6.9.: Detailliertes Toxizitätsprofil des Biobaumwoll T-Shirts[249]

Die Toxizität des Waschens ist auf den Einsatz von Weichspülern zurückzuführen. Weiterhin wird
deutlich, dass die Verwendung von Reaktivfarbstoffen sich nur geringfügig auf die Gesamttoxizität
auswirkt.

6.5. CO₂-Emissionen

In Anbetracht der Kohlenstoffdioxid-Emissionen entlang der textilen Kette sind nachwachsende Rohstoffe sowohl in der Rohstoffgewinnung als auch im Recycling durch ihre biologische Abbaubarkeit ihren synthetischen Pendants überlegen. Während nachwachsende Rohstoffe lediglich die CO_2-Menge an die Umwelt abgeben, die zuvor von den Pflanzen gespeichert wurde, besteht die CO_2 Menge bei fossilen Energieträgern an dieser Stelle aus einer Summe des in der Herstellung und in der Verbrennung freigewordenen Gases.

Bei der Betrachtung des Fasergewinnungssystems bleibt dabei jedoch der Einsatz an Maschinen unberücksichtigt, welche z.B. im Baumwollanbau eingesetzt werden. Weiterhin muss auch der Herstellungsstandort aufgrund der von der dortigen Energie abhängigen CO_2-Werte in die Kalkulation miteinfließen.

Nach dieser Einkalkulierung besitzt Polyester im Vergleich zu (Bio-)Baumwolle nach wie vor die höchsten CO_2-Werte, die Schere zwischen seinen und den Werten der Baumwolle ist allerdings wesentlich kleiner geworden.

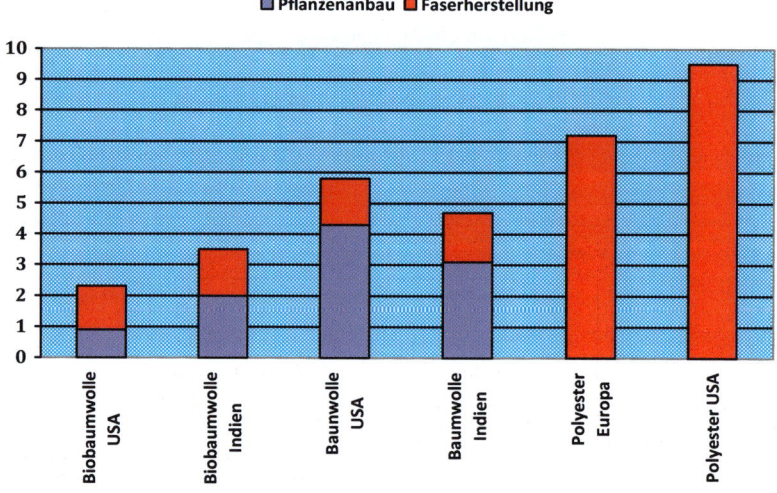

Abb. 6.10.: Kohlenstoffdioxid Emissionen in kg je Tonne Faser[250]

Zusatz: Die Zahlenwerte der Kohlenstoffdioxid-Emissionen je Tonne Faser belaufen sich für den Pflanzenanbau von Biobaumwolle in den USA auf 0,9 kg CO_2 und in Indien auf 2,0 kg CO_2, von Baumwolle in den USA auf 4,3 kg CO_2 und in Indien auf 3,1 kg CO_2. Die Werte der Faserherstellung belaufen sich für Biobaumwolle in den USA auf 1,4 kg CO_2 und in Indien auf 1,5 kg CO_2, für Baumwolle in den USA auf 1,5 kg CO_2 und in Indien auf 1,6 kg CO_2 und für Polyester in Europa auf 7,2 kg CO_2 und in den USA auf 9,52 kg CO_2.

Die niedrigen Werte von Biobaumwolle sind über den Verzicht von Entlaubungs- und Pflückmaschinen hinaus auch auf den Wegfall von CO_2 verursachenden Pflanzenschutz und Düngemittel zurückzuführen.

Synchron zum Energiebedarf der textilen Kette liegen die höchsten CO_2-Werte hingegen nicht in der Faserherstellung, sondern im Gebrauch der Kleidung, so dass etwa 60% der CO_2-Emissionen eines Baumwoll-T-Shirts dort anzusiedeln sind.

Über den gesamten Lebenszyklus gesehen, gehen von einem Polyester-T-Shirt aufgrund seiner Pflegeleichtigkeit demzufolge weniger CO_2-Emissionen aus.

Ein gewichtiger Faktor innerhalb der Betrachtung der CO_2-Werte entlang der textilen Kette wird hinzukommend durch den Transport der textilen Güter dargestellt.

Textile Güter, die während des Herstellungsprozesses zwischen Produktionsstätten pendeln, haben folglich eine schlechtere CO_2-Bilanz als solche, die von einem vertikalen Hersteller produziert werden. Aufgrund ihrer Unabhängigkeit von Klima- und Bodenbedingungen besitzen Synthetikfasern diesbezüglich den ökologischen Vorteil, dass ihre Herstellung, wenn nicht in den eigenen Produktionsprozess integriert, doch produktionsstättennah angesiedelt werden kann.

6.6. Auswertung

Im Verlauf der Betrachtung des Lebenszyklusses von aus verschieden Rohstoffen gefertigter Bekleidung hinsichtlich des Energie- und Flächenbedarfs, des Wasserverbrauchs, der Toxizität und der CO_2-Emissionen wird deutlich, dass aus Synthetikfasern hergestellte Bekleidung oft naturfreundlicher ist als ihr Korrelat aus Naturfasern.

Landwirtschaftlicher Anbau und erhöhte Pflegebedürfnisse zollen Baumwoll-Bekleidung ihren Tribut, auch wenn die Werte bezüglich Toxizität, Energiebedarf und CO_2-Emissionen in der Fasergewinnung von Biobaumwolle niedriger ausfallen.

Wollbekleidung wurde oft nicht in die Analyse mitaufgenommen, da selbst bei ökologischen Werten in manchen Sektionen eine Empfehlung hin zur Erhöhung des Wollfaseranteils im Hinblick auf die gesamte Faserproduktion allein aufgrund der physiologischen Eigenschaften von Wolle und des Flächenbedarfs unrealistisch wäre.

Trotz erhöhter CO_2-Werte in der Herstellung und im Recycling erweist sich Polyester-Bekleidung über die gesamte textile Kette als am umweltfreundlichsten.

Doch auch hier kann einen ökologischen Schritt weitergegangen werden. Durch den Ersatz des unmittelbar aus Erdöl gewonnenen Polyesters (Virgin Polyester) durch Recyceltes PET könnte nicht nur der Rohstoff Öl geschont, sondern darüber hinaus auch die bei der Faserherstellung freiwerdenden CO_2-Emissionen deutlich gemindert werden.

Obwohl mechanische Ausrüstungen von textilen Flächen sich auf einem hohen technischen Niveau befinden und der Tragekomfort von glatten Polyesterfasern weit über die Texturierung hinaus optimiert werden kann, wird Polyester dennoch im Industriealltag zur Verbesserung der Kleidungseigenschaften im Fasergemisch verwendet.

Besonders häufig kann hier die Fasermischung von Polyester mit Baumwolle angetroffen werden, da die bekleidungsphysiologischen Eigenschaften der Bekleidung wie z.B. Wärmeisolation, Feuchtigkeitsverhalten und Hautfreundlichkeit durch den Baumwollanteil verbessert werden. Der Polyesteranteil hingegen wirkt sich positiv auf die Gebrauchseigenschaften wie z.B. Knitterverhalten und auf die Pflegeeigenschaften wie z.B. Waschverhalten, Trocknen und Bügelverhalten aus.

Um weiterhin diesen durch das Fasergemisch gewonnenen Qualitätsvorteil des Bekleidungsstücks nutzen zu können und im gleichen Augenblick die Umweltfreundlichkeit des Textils zu steigern, muss der Polyesteranteil im Fasergemisch durch recyceltes PET und der Baumwollanteil durch Biobaumwolle ersetzt werden.

Zusammenfassend formuliert wird durch die Verwendung von konventionellem Polyester die ökologisch günstigste Bilanz für die textile Kette erzielt. Diese kann durch die Verwendung von recyceltem PET optimiert werden, in diesem Falle ist allerdings mit einem Kostenmehraufwand zu rechnen. Baumwolle sollte weitgehend durch Biobaumwolle ersetzt werden, da so eine erhebliche Schonung von Boden, Wasser und Luft durch den Verzicht von Pestiziden und Erntemaschinen möglich ist.

7. Schlussfolgerung

Im Verlauf dieses Buches wurde ein Umriss der textilen Kette mit ihren ökologischen Problematiken, Potentialen und Rahmenbedingungen gezeichnet und es wurden ökologische Anstrengungen der Industrie zugunsten von Prozessen entlang des Lebenszyklusses und zugunsten der Verbraucher dargestellt und beleuchtet. Darüber hinaus konnte anhand einer Untersuchung der Öko-Bilanz von Bekleidung herauskristallisiert werden, dass Synthetikbekleidung, insbesondere Polyesterbekleidung, über die gesamte textile Kette umweltfreundlicher ist als Bekleidung aus nachwachsenden Naturfasern.

Es wird jedoch auch deutlich, dass sich die "ökologische Wirtschaftlichkeit" von Unternehmen nicht durch die Fertigung und den Verkauf von Quantität sondern von Qualität ausdrückt. Möglichst kurze Modezyklen integriert in Fast Fashion Systeme sind beabsichtigt auf häufigen Erwerb von Bekleidung ausgerichtet. Folgegemäß wird aufgrund wechselnder Modestile von einer kürzeren Lebensdauer der Bekleidung ausgegangen und ihre Qualität wird oft an diese kürzere Gebrauchsphase angepasst.

Eine Maximierung der Langlebigkeit von Bekleidung, verbunden mit einfacher Waschbarkeit und Pflegeleichtigkeit und hochwertiger Recyclingfähigkeit impliziert im Gegensatz zu Fast Fashion jedoch eine enorme Ressourcenschonung. Dabei darf die Ökologieverträglichkeit von Bekleidung nicht als Regression verstanden werden, sondern als Innovationspotenzial.

Zwar wäre jeder zweite Deutsche laut der Outfit 6 Studie des Spiegel Verlags[251] bereit, mehr Geld für umweltfreundliche Produkte auszugeben, andere Eigenschaften der Bekleidung wie Design, Funktionalität, Qualität, Passform und Preis bleiben bei der Kaufentscheidung jedoch nicht unberücksichtigt.

Die ökologische Kompatibilität von Bekleidung, welche im Sport- und Outdoorbereich eingängig über die Verwendung von recycelten PET-Fasern funktioniert, könnte in anderen Produktgruppen schon beim Design der Bekleidung durch den Entwurf von Designklassikern realisiert werden.

Innerhalb der textilen Kette müssen sich andererseits ebenfalls die Konsumenten ihrer ökologischen Verantwortung und Macht bewusst werden. Produkte werden nicht produziert, wenn kein Absatzmarkt für sie vorhanden ist oder aufgebaut werden kann.

Es gibt viele ökologische Initiativen der Bekleidungsindustrie, welche meistens im Labeling des Bekleidungsstücks kommuniziert werden. Verbraucher haben daher die Wahl, als umweltfreundlich und schadstoffarm gekennzeichnete Bekleidung bewusst zu erwerben.

Über Kaufkriterien wie Herstellung, Design, Qualität und Pflegekennzeichnung hinaus können Verbraucher durch richtige Textilpflege zugleich die Umwelt schonen und die Lebensdauer des Bekleidungsstücks verlängern. Einfache Reparaturen oder Änderungen können Bekleidung länger tragbar machen und sind oft kosteneffizienter als ein Neukauf.

Wie in der aufgeführten Bilanz allerdings illustriert wurde, besteht großes ökologisches Potential in den Vorgängen Waschen, Trocknen und Bügeln.

Kleidung sollte daher übergelegt und nur wenn nötig bei möglichst niedrigen Temperaturen unter Verwendung von biologisch abbaubaren Waschmitteln gewaschen werden. Lufttrocknen der Kleidung anstatt der Verwendung des Trockners birgt enormes Einsparpotential bei Energie und CO_2-Emissionen.

Weiterhin ist Bügeln der Kleidung oft nicht nötig, da die Kleidung, wie häufig bei Maschenwaren der Fall ist, nach dem Waschen kaum oder gar nicht zerknittert ist. In diesem Falle sollte auch auf das Bügeln verzichtet werden.

Abschließend sollte Kleidung nach ihrem Gebrauch immer in Altkleidersammlungen entsorgt oder direkt in Second-Hand-Läden abgegeben werden, um den textilen Kreislauf zu schließen und ein Recycling zu ermöglichen.

8. Quellenangaben

[1] Umweltministerium Baden-Württemberg: Themenheft Textil und Mode – Schongang für die Umwelt, Öko Media PR, Stuttgart, 2. Ausgabe 10/2006, S. 4

[2] Verband der Chemischen Industrie e. V. & TEGEWA: Informationsserie Textilchemie, Fonds der Chemischen Industrie, Frankfurt, 1. Auflage 2007, S. 13, 16

[3] Barnhard Rosenkranz/ Edda Castelló: Textilien im Umwelt-Test, Rowohlt Taschenbuch Verlag GmbH, Hamburg, 1993, S. 24

[4] Günther Felbek/ Markus Hollensteiner: Nachhaltige Produkte für den Verbraucher –Ökotextilien/Kosmetik, Höhere Bundeslehranstalt für Mode und Bekleidungstechnik Krems, Krems, 2007, S. 7

[5] http://www.bundesregierung.de/Content/DE/Magazine/emags/evelop/053/t3-sand-salz-baumwolle.html - gesehen am 24.06.2008

[6] Barnhard Rosenkranz/ Edda Castelló: Textilien im Umwelt-Test, Rowohlt Taschenbuch Verlag GmbH, Hamburg, 1993, S. 26

[7] http://na.unep.net/atlas/imagery/site_11_image1-lg.jpg - gesehen am 24.06.2008

[8] Ministerium für Umwelt und Verkehr Baden-Württemberg: Integrierte Produktpolitik (IPP) am Beispiel der textilen Kette, Stuttgart, 2004, S. 15/16

[9] Ministerium für Umwelt und Verkehr Baden-Württemberg: Integrierte Produktpolitik (IPP) am Beispiel der textilen Kette, Stuttgart, 2004, S. 16

[10] Günther Felbek/ Markus Hollensteiner: Nachhaltige Produkte für den Verbraucher –Ökotextilien/Kosmetik, Höhere Bundeslehranstalt für Mode und Bekleidungstechnik Krems, Krems, 2007, S. 8

[11] http://www.livingcrafts.de/14_organic_cotton.html - gesehen am 20.06.2008

[12] Ministerium für Umwelt und Verkehr Baden-Württemberg: Integrierte Produktpolitik (IPP) am Beispiel der textilen Kette, Stuttgart, 2004, S. 16

[13] Organic Exchange: Organic Cotton Market Report 2007 – Preliminary Highlights, Organic Exchange, Texas, 2007, S. 5

[14] (http://textination.de/de/TN_Archiv/TN_29.1.08.pdf) – gesehen am 18.06.2008

[15] Gesamttextil: Lebenslauf von Textilien – Von der Faser zum Recycling, ÖkoMedia PR, Stuttgart, 1. Auflage 05/2001, S. 22

[16] Juwitha Ziegler: Chemie in der Kleidung – Worauf die Verbraucher achten müssen, Fischer Taschenbuch Verlag, Frankfurt am Main, 1995, S. 28-30

[17] Gabriele Behling / Ulrike Koller: Pentachlorphenol (PCP), Bayerisches Landesamt für Umwelt, Augsburg, 2001, S. 22

[18] Doris Binger: Das Echo vom Kleiderberg: Mode + Ökologie – Wege einer sinnvollen Verbindung, Deutscher Fachverlag, Frankfurt am Main, 1994, S. 43

[19] Gesamttextil: Lebenslauf von Textilien – Von der Faser zum Recycling, ÖkoMedia PR, Stuttgart, 1. Auflage 05/2001, S. 23

[20] Barnhard Rosenkranz/ Edda Castelló: Textilien im Umwelt-Test, Rowohlt Taschenbuch Verlag GmbH, Hamburg, 1993, S. 38

[21] Gesamttextil: Lebenslauf von Textilien – Von der Faser zum Recycling, ÖkoMedia PR, Stuttgart, 1. Auflage 05/2001, S. 23

[22] Schrot&Korn, Ausgabe 10/1999, Bio Verlag GmbH, Aschaffenburg

[23] http://www.ota.com/organic/woolfactsheet.html - gesehen am 19.06.2008

[24] http://www.naturtextil.com/portal/verbraucherinfo_textilinfos_de,611,356.html - gesehen am 02.07.2008

[25] http://www.spiegel.de/wissenschaft/mensch/0,1518,491402,00.html - gesehen am 20.06.2008

[26] http://www.spiegel.de/wissenschaft/mensch/0,1518,491402,00.html - gesehen am 20.06.2008

[27] http://www.spiegel.de/fotostrecke/fotostrecke-22787-2.html#backToArticle=491402 – gesehen am 20.06.2008

[28] Barnhard Rosenkranz/ Edda Castelló: Textilien im Umwelt-Test, Rowohlt Taschenbuch Verlag GmbH, Hamburg, 1993, S. 60

[29] http://www.yarnsandfibers.com/news/index_fullstory.php3?id=15200 - gesehen am 10.06.2008

[30] Doris Binger: Das Echo vom Kleiderberg: Mode + Ökologie – Wege einer sinnvollen Verbindung, Deutscher Fachverlag, Frankfurt am Main, 1994, S. 58

[31] H. Eberle/ H. Hermeling/ M. Hornberge/ R. Kilgus/ D. Menzer/ W. Ring: Fachwissen Bekleidung, Verlag Europa-Lehrmittel, Haan-Gruiten, 7. Auflage 2003, S. 31

[32] Doris Binger: Das Echo vom Kleiderberg: Mode + Ökologie – Wege einer sinnvollen Verbindung, Deutscher Fachverlag, Frankfurt am Main, 1994, S. 58

[33] Greenpeace Magazin/Textilien: Textil-Fibel 2 – Wissenswertes über Fäden, Fasern und faire Kleidung zum Wohlfühlen, S. 47

[34] http://www.lyocell.net/ly0100_basics.htm – gesehen am 10.06.2008

[35] H. Eberle/ H. Hermeling/ M. Hornberge/ R. Kilgus/ D. Menzer/ W. Ring: Fachwissen Bekleidung, Verlag Europa-Lehrmittel, Haan-Gruiten, 7. Auflage 2003, S. 33

[36] http://www.lyocell.net/ly0100_basics.htm – gesehen am 10.06.2008

[37] H. Eberle/ H. Hermeling/ M. Hornberge/ R. Kilgus/ D. Menzer/ W. Ring: Fachwissen Bekleidung, Verlag Europa-Lehrmittel, Haan-Gruiten, 7. Auflage 2003, S. 33

[38] http://www.lyocell.net/ly0205_key%20prozess.htm - gesehen am 10.06.2008

[39] H. Eberle/ H. Hermeling/ M. Hornberge/ R. Kilgus/ D. Menzer/ W. Ring: Fachwissen Bekleidung, Verlag Europa-Lehrmittel, Haan-Gruiten, 7. Auflage 2003, S. 33

[40] Greenpeace Magazin/Textilien: Textil-Fibel 2 – Wissenswertes über Fäden, Fasern und faire Kleidung zum Wohlfühlen, S. 49

[41] http://www.ivc-ev.de/ - gesehen am 10.06.2008

[42] Greenpeace Magazin/Textilien: Textil-Fibel 2 – Wissenswertes über Fäden, Fasern und faire Kleidung zum Wohlfühlen, S. 50

[43] http://pz.bildung-rp.de/mat/werkstoff/node10.html – gesehen am 23.06.2008

[44] Verband der Chemischen Industrie e. V. & TEGEWA: Informationsserie Textilchemie, Fonds der Chemischen Industrie, Frankfurt, 1. Auflage 2007, S. 19

[45] http://www.fashion-base.de/Modelexikon/texturieren.htm – gesehen am 23.06.2008

[46] http://www.innoform-testservice.de/d/presse/Inno-Letter_4_Ergaenzung_Teil_2.pdf – gesehen am 23.06.2008

[47] Österreichisches Ökologie-Institut und Kanzlei Dr. Bruck: Total Quality Planung und Bewertung / Umweltauswirkungen / Verminderung der Belastung für Mensch und Umwelt, Wien, 2000, S. 167

[48] Corinna Huse: Bekleidung aus recyceltem Polyethylenterephthalat, FHTW Berlin, Berlin, 1997, S. 23

[49] Corinna Huse: Bekleidung aus recyceltem Polyethylenterephthalat, FHTW Berlin, Berlin, 1997, S. 26-33

[50] The OutDoor Handbook Magazine, 2008, S. 21

[51] SAZ Magazin/ Sportsfashion international, 06/2008, S. 18-19

[52] Verband der Chemischen Industrie e. V. & TEGEWA: Informationsserie Textilchemie, Fonds der Chemischen Industrie, Frankfurt, 1. Auflage 2007, S. 27

[53] Verband der Chemischen Industrie e. V. & TEGEWA: Informationsserie Textilchemie, Fonds der Chemischen Industrie, Frankfurt, 1. Auflage 2007, S. 26

[54] http://www.accepta.com/industry_water_treatment/textile-industry-water-chemicals.asp – gesehen am 02.07.2008

[55] Verband der Chemischen Industrie e. V. & TEGEWA: Informationsserie Textilchemie, Fonds der Chemischen Industrie, Frankfurt, 1. Auflage 2007, S. 26

[56] H. Eberle/ H. Hermeling/ M. Hornberge/ R. Kilgus/ D. Menzer/ W. Ring: Fachwissen Bekleidung, Verlag Europa-Lehrmittel, Haan-Gruiten, 7. Auflage 2003, S. 68

[57] Verband der Chemischen Industrie e. V. & TEGEWA: Informationsserie Textilchemie, Fonds der Chemischen Industrie, Frankfurt, 1. Auflage 2007, S. 28

[58] http://upload.wikimedia.org/wikipedia/commons/thumb/4/4a/Greifer_11.jpg/800px-Greifer_11.jpg – gesehen am 01.07.2008

[59] Verband der Chemischen Industrie e. V. & TEGEWA: Informationsserie Textilchemie, Fonds der Chemischen Industrie, Frankfurt, 1. Auflage 2007, S. 28

[60] Verband der Chemischen Industrie e. V. & TEGEWA: Informationsserie Textilchemie, Fonds der Chemischen Industrie, Frankfurt, 1. Auflage 2007, S. 28-29

[61] http://upload.wikimedia.org/wikipedia/commons/thumb/b/bb/Rundstrickmaschine_Zungennadeln.jpg/180px-Rundstrickmaschine_Zungennadeln.jpg - gesehen am 01.07.2008

[62] Verband der Chemischen Industrie e. V. & TEGEWA: Informationsserie Textilchemie, Fonds der Chemischen Industrie, Frankfurt, 1. Auflage 2007, S. 29

[63] http://tu-dresden.de/die_tu_dresden/fakultaeten/fakultaet_maschinenwesen/itb/forschung/forschungsthemen/materialeigenschaften/bild%201 – gesehen am 01.07.2008

[64] Verband der Chemischen Industrie e. V. & TEGEWA: Informationsserie Textilchemie, Fonds der Chemischen Industrie, Frankfurt, 1. Auflage 2007, S. 30

[65] Verband der Chemischen Industrie e. V. & TEGEWA: Informationsserie Textilchemie, Fonds der Chemischen Industrie, Frankfurt, 1. Auflage 2007, S. 29-30

[66] Verband der Chemischen Industrie e. V. & TEGEWA: Informationsserie Textilchemie, Fonds der Chemischen Industrie, Frankfurt, 1. Auflage 2007, S. 51-52

[67] Friedrich Schmidt-Bleek: Der ökologische Rucksack – Wirtschaft über eine Zukunft mit Zukunft, S. Hirzel Verlag, Stuttgart/Leipzig, 2004, S. 70

[68] Monika Balzer: Gerechte Kleidung: Fashion – öko – fair / Ein Handbuch für Verbraucher, S. Hirzel Verlag, Stuttgart/Leipzig, 2000, S. 46

[69] Doris Binger: Das Echo vom Kleiderberg: Mode + Ökologie – Wege einer sinnvollen Verbindung, Deutscher Fachverlag, Frankfurt am Main, 1994, S. 80

[70] Doris Binger: Das Echo vom Kleiderberg: Mode + Ökologie – Wege einer sinnvollen Verbindung, Deutscher Fachverlag, Frankfurt am Main, 1994, S. 80

[71] Doris Binger: Das Echo vom Kleiderberg: Mode + Ökologie – Wege einer sinnvollen Verbindung, Deutscher Fachverlag, Frankfurt am Main, 1994, S. 77

[72] http://www.wasser-wissen.de/abwasserlexikon/s/schlichtemittel.htm - gesehen am 01.07.2008

[73] http://www.patent-de.com/19901220/DE3724332C2.html – gesehen am 01.07.2008

[74] Abu Bakr Siddique: Entwicklung von neuen Schlichtemitteln für die Gewebeherstellung auf Basis von Chitosan unter technologischen und ökologischen Gesichtspunkten, Institut für Textil- und Verfahrenstechnik der Deutschen Institute für Textil- und Faserforschung Denkendorf, Wissenschaftliche Institute in Verbindung mit der Universität Stuttgart, Denkendorf, 2005, S. 4

[75] Abu Bakr Siddique: Entwicklung von neuen Schlichtemitteln für die Gewebeherstellung auf Basis von Chitosan unter technologischen und ökologischen Gesichtspunkten, Institut für Textil- und Verfahrenstechnik der Deutschen Institute für Textil- und Faserforschung Denkendorf, Wissenschaftliche Institute in Verbindung mit der Universität Stuttgart, Denkendorf, 2005, S. 114

[76] Juwitha Ziegler: Chemie in der Kleidung – Worauf die Verbraucher achten müssen, Fischer Taschenbuch Verlag, Frankfurt am Main, 1995, S. 69

[77] Doris Binger: Das Echo vom Kleiderberg: Mode + Ökologie – Wege einer sinnvollen Verbindung, Deutscher Fachverlag, Frankfurt am Main, 1994, S. 81

[78] Verband der Chemischen Industrie e. V. & TEGEWA: Informationsserie Textilchemie, Fonds der Chemischen Industrie, Frankfurt, 1. Auflage 2007, S. 33

[79] Doris Binger: Das Echo vom Kleiderberg: Mode + Ökologie – Wege einer sinnvollen Verbindung, Deutscher Fachverlag, Frankfurt am Main, 1994, S. 81

[80] Doris Binger: Das Echo vom Kleiderberg: Mode + Ökologie – Wege einer sinnvollen Verbindung, Deutscher Fachverlag, Frankfurt am Main, 1994, S. 82

[81] Verband der Chemischen Industrie e. V. & TEGEWA: Informationsserie Textilchemie, Fonds der Chemischen Industrie, Frankfurt, 1. Auflage 2007, S. 33

[82] Verband der Chemischen Industrie e. V. & TEGEWA: Informationsserie Textilchemie, Fonds der Chemischen Industrie, Frankfurt, 1. Auflage 2007, S. 33

[83] Doris Binger: Das Echo vom Kleiderberg: Mode + Ökologie – Wege einer sinnvollen Verbindung, Deutscher Fachverlag, Frankfurt am Main, 1994, S. 82-83

[84] Doris Binger: Das Echo vom Kleiderberg: Mode + Ökologie – Wege einer sinnvollen Verbindung, Deutscher Fachverlag, Frankfurt am Main, 1994, S. 85-86

[85] Verband der Chemischen Industrie e. V. & TEGEWA: Informationsserie Textilchemie, Fonds der Chemischen Industrie, Frankfurt, 1. Auflage 2007, S. 34

[86] Greenpeace Magazin/Textilien: Textil-Fibel 2 – Wissenswertes über Fäden, Fasern und faire Kleidung zum Wohlfühlen, S. 18

[87] Verband der Chemischen Industrie e. V. & TEGEWA: Informationsserie Textilchemie, Fonds der Chemischen Industrie, Frankfurt, 1. Auflage 2007, S. 35

[88] Verband der Chemischen Industrie e. V. & TEGEWA: Informationsserie Textilchemie, Fonds der Chemischen Industrie, Frankfurt, 1. Auflage 2007, S. 35

[89] Doris Binger: Das Echo vom Kleiderberg: Mode + Ökologie – Wege einer sinnvollen Verbindung, Deutscher Fachverlag, Frankfurt am Main, 1994, S. 90

[90] Bundesinstituts für Risikobewertung (BfR): 12. Sitzung des Arbeitskreises „Gesundheitliche Bewertung von Textilhilfsmitteln und -farbmitteln" der Arbeitsgruppe „Textilien" des BfR, Berlin, 2003, S. 2-3

[91] H. Eberle/ H. Hermeling/ M. Hornberge/ R. Kilgus/ D. Menzer/ W. Ring: Fachwissen Bekleidung, Verlag Europa-Lehrmittel, Haan-Gruiten, 7. Auflage 2003, S. 100 & Doris Binger: Das Echo vom Kleiderberg: Mode + Ökologie – Wege einer sinnvollen Verbindung, Deutscher Fachverlag, Frankfurt am Main, 1994, S. 87

[92] Doris Binger: Das Echo vom Kleiderberg: Mode + Ökologie – Wege einer sinnvollen Verbindung, Deutscher Fachverlag, Frankfurt am Main, 1994, S. 98-102

[93] H. Eberle/ H. Hermeling/ M. Hornberge/ R. Kilgus/ D. Menzer/ W. Ring: Fachwissen Bekleidung, Verlag Europa-Lehrmittel, Haan-Gruiten, 7. Auflage 2003, S.104

[94] Umweltbundesamt: Umweltforschungsplan des Bundesministeriums für Umwelt, Naturschutz und Reaktorsicherheit - Beste verfügbare Techniken in Anlagen der Textilindustrie, Berlin, 2003, S. 54

[95] Umweltbundesamt: Umweltforschungsplan des Bundesministeriums für Umwelt, Naturschutz und Reaktorsicherheit - Beste verfügbare Techniken in Anlagen der Textilindustrie, Berlin, 2003, S. 55

[96] Greenpeace Magazin/Textilien: Textil-Fibel 2 – Wissenswertes über Fäden, Fasern und faire Kleidung zum Wohlfühlen, S. 28-29

[97] Doris Binger: Das Echo vom Kleiderberg: Mode + Ökologie – Wege einer sinnvollen Verbindung, Deutscher Fachverlag, Frankfurt am Main, 1994, S. 108

[98] Doris Binger: Das Echo vom Kleiderberg: Mode + Ökologie – Wege einer sinnvollen Verbindung, Deutscher Fachverlag, Frankfurt am Main, 1994, S. 114

[99] Bundesinstituts für Risikobewertung (BfR): 12. Sitzung des Arbeitskreises „Gesundheitliche Bewertung von Textilhilfsmitteln und -farbmitteln" der Arbeitsgruppe „Textilien" des BfR, Berlin, 2003, S. 7

[100] Doris Binger: Das Echo vom Kleiderberg: Mode + Ökologie – Wege einer sinnvollen Verbindung, Deutscher Fachverlag, Frankfurt am Main, 1994, S. 110

[101] Doris Binger: Das Echo vom Kleiderberg: Mode + Ökologie – Wege einer sinnvollen Verbindung, Deutscher Fachverlag, Frankfurt am Main, 1994, S. 112-113

[102] H. Eberle/ H. Hermeling/ M. Hornberge/ R. Kilgus/ D. Menzer/ W. Ring: Fachwissen Bekleidung, Verlag Europa-Lehrmittel, Haan-Gruiten, 7. Auflage 2003, S. 106 & Verband der Chemischen Industrie e. V. & TEGEWA: Informationsserie Textilchemie, Fonds der Chemischen Industrie, Frankfurt, 1. Auflage 2007, S. 39

[103] http://www.dguv.de/bgia/de/fac/luft/index.jsp - gesehen am 03.08.2008

[104] http://www.colour-europe.de/pf_510_2003_11.htm#_Toc56309015 - gesehen am 04.08.2008

[105] Suva/ Abteilung Arbeitsmedizin: Grenzwerte am Arbeitsplatz 2007, Schweizerische Unfallversicherungsanstalt, Luzern, 2007, S. 17

[106] Greenpeace Magazin, Ausgabe 03/2008, S. 66

[107] http://www.destatis.de/jetspeed/portal/cms/Sites/destatis/Internet/DE/Presse/pm/2005/09/PD05__406__51.psml - gesehen am 05.08.2008

[108] http://www.emas.de/unterrubrik-8.html - gesehen am 29.07.2008

[109] http://mlu.mw.tu-dresden.de/module/m009/regelwerk/unterschiede/index.htm - gesehen am 29.07.2008

[110] http://www.lectra.com/binaries/optiplan_fashion_apparel_pdf_tcm87-56781.pdf – gesehen am 29.07.2008

[111] http://www.directindustry.de/prod/assyst-bullmer/einzellagen-cutter-40758-340544.html – gesehen am 30.07.08

[112] http://www.bfr.bund.de/cm/208/allergien_durch_verbrauchernahe_produkte_und_lebensmittel.pdf – gesehen am 30.07.2008

[113] Doris Binger: Das Echo vom Kleiderberg: Mode + Ökologie – Wege einer sinnvollen Verbindung, Deutscher Fachverlag, Frankfurt am Main, 1994, S. 123-126

[114] http://www.bmu.de/abfallwirtschaft/fb/verpackungen/doc/3218.php - gesehen am 24.07.2008

[115] Doris Binger: Das Echo vom Kleiderberg: Mode + Ökologie – Wege einer sinnvollen Verbindung, Deutscher Fachverlag, Frankfurt am Main, 1994, S. 129

[116] http://www.gs1-germany.de/internet/content/e39/e50/e221/e5645 - gesehen am 24.07.2008

[117] http://www.openpr.de/news/195958/Siopal-stattet-recyclebare-Kunststoffpaletten-ab-Werk-mit-RFID-Technologie-aus.html - gesehen am 24.07.2008

[118] Doris Binger: Das Echo vom Kleiderberg: Mode + Ökologie – Wege einer sinnvollen Verbindung, Deutscher Fachverlag, Frankfurt am Main, 1994, S. 129-130

[119] http://www.thimm.de/de/thimm-verpackung/produkte/loesungen/productid/1040/productview/detail/productinfo/Standard-Versandverpackung.html?tx_thimmproductarchive_pi1%5Bbranch%5D=403%2C406%2C404%2C405&cHash=7122f777d3 - gesehen am 24.07.2008

[120] http://www.gs1-germany.de/internet/content/produkte/ecr/ecr_themen/kleiderbuegel/index_ger.html – gesehen am 22.07.2008

[121] Centrale für Coorganisation: Rationalisierungsempfehlung für den effizienten Einsatz von Kleiderbügeln in der Bekleidungswirtschaft, Köln, 2000, S. 9

[122] Centrale für Coorganisation: Rationalisierungsempfehlung für den effizienten Einsatz von Kleiderbügeln in der Bekleidungswirtschaft, Köln, 2000, S. 2, 9

[123] Bundesverband des Deutschen Textileinzelhandels: BTE Jahresbericht 2005, S. 27

[124] Green Hanger GmbH/In-home-media: Mediadaten 2008/2009, Berlin, 2008

[125] Green Hanger GmbH/In-home-media: Mediadaten 2008/2009, Berlin, 2008, S. 8

[126] Green Hanger GmbH/In-home-media: Mediadaten 2008/2009, Berlin, 2008

[127] Doris Binger: Das Echo vom Kleiderberg: Mode + Ökologie – Wege einer sinnvollen Verbindung, Deutscher Fachverlag, Frankfurt am Main, 1994, S. 133-134

[128] http://www.bjrundschau.com/cls/txt/2008-02/19/content_99834_4.htm - gesehen am 24.07.2008

[129] http://www.stern.de/wissenschaft/natur/:Umweltvertr%E4glichkeit-Krieg-T%FCten/541951.html – gesehen am 24.07.2008

[130] http://www.papier-mettler.de/p_biostep.php - gesehen am 26.07.2008

[131] Verbraucherinitiative e.V.: Themenheft Textilien, Berlin, 2007, S. 9-11

[132] http://www.textil-mode.de/deutsch/Pflegekennzeichen/K210.htm - gesehen am 23.07.2008

[133] Ökoinstitut e.V.: EcoTopTen – Wäsche waschen & trocknen, Freiburg, 2006

[134] http://www.bmu.de/pressemitteilungen/aktuelle_pressemitteilungen/pm/38839.php - gesehen am 24.07.2008

[135] Öko-Institut e.V.: Prosa Waschmaschinen - Produkt-Nachhaltigkeitsanalyse von Waschmaschinen und Waschprozessen, Freiburg, 2004, S. 23

[136] Öko-Institut e.V.: Prosa Waschmaschinen - Produkt-Nachhaltigkeitsanalyse von Waschmaschinen und Waschprozessen, Freiburg, 2004, S. 23

[137] Öko-Institut e.V.: Prosa Waschmaschinen - Produkt-Nachhaltigkeitsanalyse von Waschmaschinen und Waschprozessen, Freiburg, 2004, S. 23-24

[138] http://www.waeschereien.de/ximages/15500_fundus2200.pdf - gesehen am 24.07.2008

[139] http://www.waeschereien.de/ - gesehen am 24.07.2008

[140] http://www.ral.de/de/ral_umwelt/home/index.php - gesehen am 24.07.2008

[141] http://www.waeschereien.de/index.asp?IDMain=5&IDSub=&sid= - gesehen am 24.07.2008

[142] http://www.waeschereien.de/index.asp?IDMain=5&IDSub=&sid= - gesehen am 24.07.2008

[143] http://www.hohenstein.de/ximages/21671_fbtextilpf.pdf - gesehen am 24.07.2008

[144] http://www.swisstextiles.ch/boxalino/files/Document184file.pdf – gesehen am 29.07.2008

[145] http://www.fachverband-textil-recycling.de/index.php?mod_news_id=20&page_id=4&language=de&mod_news_start=0 – gesehen am 29.07.2008

[146] Youjiang Wang: Recycling in textiles, Woodhead Publishing in textiles, Cambridge, 2006, S. 8-19

[147] http://www.swisstextiles.ch/boxalino/files/Document184file.pdf – gesehen am 29.07.2008

[148] http://www.swisstextiles.ch/boxalino/files/Document184file.pdf – gesehen am 29.07.2008

[149] Youjiang Wang: Recycling in textiles, Woodhead Publishing in textiles, Cambridge, 2006, S. 8-19

[150] http://www.landkreis-bayreuth.de/orgdata.asp?naviid=%7BE453CC03-3EDE-44FE-A2A8-F46768445069%7D&OrgID=%7BF48815AE-204B-44ED-91CF-EAD88DB81136%7D - gesehen am 05.08.2008

[151] http://www.swisstextiles.ch/boxalino/files/Document184file.pdf – gesehen am 29.07.2008

[152] http://www.swisstextiles.ch/boxalino/files/Document184file.pdf – gesehen am 29.07.2008

[153] http://www.swisstextiles.ch/boxalino/files/Document184file.pdf – gesehen am 29.07.2008

[154] Verband der Chemischen Industrie e. V. & TEGEWA: Informationsserie Textilchemie, Fonds der Chemischen Industrie, Frankfurt, 1. Auflage 2007, S. 58

[155] http://www.transgen.de/lebensmittel/enzyme/133.doku.html - gesehen am 20.07.2008

[156] http://www.planet-schule.de/warum_chemie/seife/themenseiten/t5/s4.html - gesehen am 20.07.2008

[157] www.technical-microbiology.de/dl/vt_einfuehrung_antranikian.pdf – gesehen am 20.07.2008

[158] http://www.geocities.com/bims_turkey/pomza4.jpg - gesehen am 20.07.2008

[159] http://www.igb.fraunhofer.de/WWW/GF/GrenzflMem/Grenzflaechen/bilder/TextilV1-Anw.GIF - gesehen am 20.07.2008

[160] http://www.techportal.de/de/412/4/newsletter,public,articledetail_public/view/247/ - gesehen am 20.07.2008

[161] http://www.igb.fraunhofer.de/WWW/GF/GrenzflMem/Grenzflaechen/dt/TechTextil.dt.html – gesehen am 20.07.2008

[162] http://www.lasercut24.de/leder.htm - gesehen am 20.07.2008

[163] http://www.tvi-verband.de/cms/front_content.php?idart=11 - gesehen am 20.07.2008

[164] InkjetDrucker: Kornelia Leist: Einsatzvorbereitung des Inkjet-Druckes, FHTW Berlin, April 2004

[165] Bundesministerium für Bildung und Forschung (BMBF): Nachhaltiges Wirtschaften – Innovationen aus der Umweltforschung, Bonn/Berlin, 2004, S. 82-83

[166] Überkritisches kohlendioxid: Bundesministerium für Bildung und Forschung (BMBF): Nachhaltiges Wirtschaften – Innovationen aus der Umweltforschung, Bonn/Berlin, 2004, S. 83

[167] Bundesministerium für Umwelt, Naturschutz und Reaktorsicherheit: Forschungsbericht 200 94 329 - Beste verfügbare Techniken in Anlagen der Textilindustrie, Umweltbundesamt, Berlin, 2003, S. 345-346

[168] http://www.aktuelle-wochenschau.de/2006/woche39b/woche39b.html - gesehen am 21.07.2008

[169] http://www.aktuelle-wochenschau.de/2006/woche39b/woche39b.html - gesehen am 21.07.2008

[170] Bundesministerium für Umwelt, Naturschutz und Reaktorsicherheit: Forschungsbericht 200 94 329 - Beste verfügbare Techniken in Anlagen der Textilindustrie, Umweltbundesamt, Berlin, 2003, S. 347-348

[171] Bundesministerium für Umwelt, Naturschutz und Reaktorsicherheit: Forschungsbericht 200 94 329 - Beste verfügbare Techniken in Anlagen der Textilindustrie, Umweltbundesamt, Berlin, 2003, S. 341

[172] http://www.iwo.de/sites/oelheizung/system_heizlexikon.jsp?recName_heizlexikon_oelheizung= Niedertemperaturtechnik - gesehen am 20.07.2008

[173] http://www.iwo.de/sites/oelheizung/system_heizlexikon.jsp?recName_heizlexikon_oelheizung= Niedertemperaturtechnik - gesehen am 20.07.2008

[174] http://www.bmu.de/pressemitteilungen/aktuelle_pressemitteilungen/pm/39794.php - gesehen am 21.07.2008

[175] Bundesministerium für Bildung und Forschung (BMBF): Nachhaltiges Wirtschaften - Innovationen aus der Umweltforschung, Bonn/Berlin, 2004, S. 84-85

[176] http://www.bmu.de/chemikalien/reach/kurzinfo/doc/39992.php – gesehen am 11.07.2008

[177] http://www.bmu.de/chemikalien/reach/doc/38278.php – gesehen am 11.07.2008

[178] http://ereach.dhigroup.com/REACH_Introduction_German/REACH_Introduction.htm - gesehen am 11.07.2008

[179] http://www.reach-helpdesk.de/ - gesehen am 11.07.2008

[180] http://www.reach-info.de/stoffdaten.htm - gesehen am 11.07.2008

[181] Monika Balzer: Gerechte Kleidung: Fashion – öko – fair / Ein Handbuch für Verbraucher, S. Hirzel Verlag, Stuttgart/Leipzig, 2000, S. 47-48

[182] http://www.responsible-care.de/Responsible_Care_im_Ueberblick/default2.asp?cmd=shr&docnr= 119982&nd=&rub=949&ond=was&c=0 - gesehen am 10.06.2008

[183] http://www.ivc-ev.de/live/index.php?page_id=6 - gesehen am 10.06.2008

[184] http://www.responsible-care.de/ - gesehen am 10.06.2008

[185] http://www.oeko-tex.com/xdesk/ximages/470/17468_fachhandel.pdf - gesehen am 25.06.2008

[186] ://www.oeko-tex.com/xdesk/ximages/470/17468_fachhandel.pdf - gesehen am 25.06.2008

[187] ://www.oeko-tex.com/xdesk/ximages/470/17468_fachhandel.pdf - gesehen am 25.06.2008

[188] ://www.oeko-tex.com/xdesk/ximages/470/17468_fachhandel.pdf - gesehen am 25.06.2008

[189] http://www.blauer-engel.de/de/produkte_marken/produktsuche/produkt_suche.php#T - gesehen am 26.06.2008

[190] http://www.global-standard.org/ - gesehen am 25.06.2008

[191] Internationale Arbeitsgruppe zum Global Organic Textile Standard: Global Organic Textile Standard – Version 1.1, Institut für Marktökologie, CH-Weinfelden, 2005

[192] http://www.ota.com/standards/newstandards.html – gesehen am 24.06.2008

[193] Bundesministerium für Ernährung, Landwirtschaft und Verbraucherschutz (BMELV): Nachhaltig einkaufen – Textilien, Bekleidung und Spielzeug, Publikationsversand der Bundesregierung, Rostock, 3. Auflage 2006, S. 10

[194] Ministerium für Umwelt und Verkehr Baden-Württemberg: Integrierte Produktpolitik (IPP) am Beispiel der textilen Kette, Stuttgart, 2004, S. 68

[195] Greenpeace Magazin/Textilien: Textil-Fibel 2 – Wissenswertes über Fäden, Fasern und faire Kleidung zum Wohlfühlen, S. 87

[196] Bundesministerium für Ernährung, Landwirtschaft und Verbraucherschutz (BMELV): Nachhaltig einkaufen – Textilien, Bekleidung und Spielzeug, Publikationsversand der Bundesregierung, Rostock, 3. Auflage 2006, S. 10

[197] http://www.naturtextil.com/portal/rili_kurz_de,1849,356.html – gesehen am 26.06.2008

[198] http://www.naturtextil.com/portal/verbraucherinfo_qualitaetszeichen_de,594,356.html – gesehen am 26.06.2008

[199] Bundesministerium für Ernährung, Landwirtschaft und Verbraucherschutz (BMELV): Nachhaltig einkaufen – Textilien, Bekleidung und Spielzeug, Publikationsversand der Bundesregierung, Rostock, 3. Auflage 2006, S. 88

[200] http://www.oeko-tex.com/OekoTex100_PUBLIC/content5.asp?area=hauptmenue&site=oekotexstandard1000&cls=01 – gesehen am 26.06.2008

[201] http://www.utopia.de/userfiles/redaktion/oekotex100plus.png – gesehen am 26.06.2008

[202] Greenpeace Magazin/Textilien: Textil-Fibel 2 – Wissenswertes über Fäden, Fasern und faire Kleidung zum Wohlfühlen, S. 89

[203] (http://www.oeko-tex.com/OekoTex100_PUBLIC/content2.asp?area=hauptmenue&site=institute&cls=01&i=26 - gesehen am 26.06.2008

[204] http://www.label-online.de/index.php/cat/3/lid/255 - gesehen am 26.06.2008

[205] http://www.eco-label.com/german/ - gesehen am 26.06.2008

[206] http://www.swisstourfed.ch/art/logos/Label_EU_Blume_trans.jpg – gesehen am 26.06.2008

[207] http://www.huppys.de/milchbusen/images/oeko_label/ecoproof.gif – gesehen am 29.06.2008

[208] http://www.label-online.de/index.php/cat/3/lid/153 – gesehen am 26.06.2008

[209] http://marktcheck.greenpeace.at/uploads/media/oekotextilien_guetezeichen_infobl_diverses.pdf – gesehen am 26.06.2008

[210] http://www.lohas.de/content/view/437/82/ - gesehen am 29.06.2008

[211] http://www.bluesign.com/fileadmin/downloads/kompaktinformation.pdf – gesehen am 26.06.2008

[212] http://www.bluesign.com/index.php?id=44&L=1&tx_ttnews[tt_news]=245&tx_ttnews[backPid]=23&cHash=0e0c6ca7b8 – gesehen am 29.06.2008

[213] http://www.hess-natur.info/de/presse/pressemitteilungen/pressemitteilung.html?tx_ttnews%5Btt_news%5D=63&tx_ttnews%5BbackPid%5D=32&cHash=917f83a5cf - gesehen am 04.08.2008

[214] Prof. Dr. Volker Wittberg: CSR-Fallstudie Ethik und Ökologie - von der Faser bis zum Kleid (Hess Natur-Textilien GmbH), FHM-Institut für den Mittelstand in Lippe (IML), 2006

[215] http://www.hess-natur.info/de/presse/pressemitteilungen/pressemitteilung.html?tx_ttnews%5Btt_news%5D=90&tx_ttnews%5BbackPid%5D=32&cHash=0720f85ab9 – gesehen am 04.08.2008

[216] http://images.quelle.de/versand/arcandor/wp-content/uploads/2008/02/hessnatur.jpg – gesehen am 04.08.2008

[217] http://www.landjugendverlag.de/index.php?id=546 - gesehen am 28.06.2008

[218] Greenpeace Magazin/Textilien: Textil-Fibel 2 – Wissenswertes über Fäden, Fasern und faire Kleidung zum Wohlfühlen, S. 95

[219] http://www.label-online.de/indx.php/cat/3/lid/272 – gesehen am 28.06.2008

[220] http://www.utopia.de/kaufen/produkt-guide/kinderkleidung/green-cotton – gesehen am 28.06.2008

[221] http://www.ivyworld.de/news/meode_beauty/green-cotton_aid_1165.html – gesehen am 28.06.2008

[222] http://www.controlunion.com/certification/default.htm – gesehen am 28.06.2008

[223] http://www.stiftung-naturschutz.de/aktuelles/kolumne/september_2007.php – gesehen am 28.06.2008

[224] http://www.label-online.de/index.php/cat/3/lid/330 – gesehen am 28.06.2008

[225] http://www.innatex.de/files/labelguide.pdf – gesehen am 28.06.2008

[226] http://www.otto.com/PURE_WEAR.115.0.html – gesehen am 28.06.2008

[227] http://www.label-online.de/index.php/cat/3/lid/330 – gesehen am 28.06.2008

[228] Öko-Tex Standard 100: Allgemeine und spezielle Bedingungen, Öko-Tex, Zürich, Ausgabe 01/2008, S. 17

[229] http://www.innatex.de/files/labelguide.pdf - gesehen am 29.06.2008

[230] Öko-Tex Standard 100: Allgemeine und spezielle Bedingungen, Öko-Tex, Zürich, Ausgabe 01/2008, S. 14

[231] Greenpeace Magazin/Textilien: Textil-Fibel 2 – Wissenswertes über Fäden, Fasern und faire Kleidung zum Wohlfühlen, S. 90

[232] http://www.huppys.de/milchbusen/images/oeko_label/toxproof.gif – gesehen am 29.06.2008

[233] http://www.label-online.de/index.php/cat/3/lid/121 – gesehen am 29.06.2008

[234] http://www.huppys.de/milchbusen/images/oeko_label/sg394.gif – gesehen am 29.06.2008

[235] http://www.innatex.de/files/labelguide.pdf - gesehen am 29.06.2008

[236] http://www.innatex.de/files/labelguide.pdf – gesehen am 29.06.2008

[237] http://www.innatex.de/files/labelguide.pdf - gesehen am 29.06.2008

[238] http://www.innatex.de/files/labelguide.pdf - gesehen am 29.06.2008

[239] http://www.innatex.de/files/labelguide.pdf - gesehen am 29.06.2008

[240] http://www.label-online.de/index.php/cat/3/lid/418 - gesehen am 28.06.2008

[241] DIN EN ISO 14040:1996, Umweltmanagement - Produkt-Ökobilanz

[242] Anne-Marie Grundmeier: Evas neue Kleider – Damenoberbekleidung: ökologisch kompatibel, Peter Lang / Europäischer Verlag der Wissenschaften, Frankfurt/Main, 1996, S. 122

[243] Anne-Marie Grundmeier: Evas neue Kleider – Damenoberbekleidung: ökologisch kompatibel, Peter Lang / Europäischer Verlag der Wissenschaften, Frankfurt/Main, 1996, S. 246-247

[244] http://www.ivc-ev.de/ - gesehen am 08.08.2008

[245] http://www.ivc-ev.de/ - gesehen am 08.08.2008

[246] http://www.sustainability-ed.org/pages/example4-3.htm - gesehen am 08.08.2008

[247] http://www.ivc-ev.de/ - gesehen am 08.08.2008

[248] John M. Allwood/ Soren E Laursen/ Cecilia Malvido de Rodríguez/ Nancy M P Bocken: Well dressed? The present and future sustainability of clothing and textiles in the United Kingdom, 1. Auflage, University of Cambridge Institute for Manufacturing, Cambridge, 2006, S.47-52

[249] John M. Allwood/ Soren E Laursen/ Cecilia Malvido de Rodríguez/ Nancy M P Bocken: Well dressed? The present and future sustainability of clothing and textiles in the United Kingdom, 1. Auflage, University of Cambridge Institute for Manufacturing, Cambridge, 2006, S.52

[250] Nia Cherrett/ John Barrett/ Alexandra Clemett/ Matthew Chadwick/ M.J. Chadwick: Ecological Footprint and Water Analysis of Cotton, Hemp and Polyester, Stockholm Environment Institute, Stockholm, 2005, S. 14-15

[251] Outfit 6, Spiegel Verlag

Band 15 **Reihe Nachhaltigkeit**

Mercedes Goedecke

Klimawandel und Landwirtschaft
Eine umweltökonomische Analyse

Diplomica 2008 / 120 Seiten /
39,50 Euro

ISBN 978-3-8366-6237-6
EAN 9783836662376

Mercedes Goedecke

Klimawandel
und Landwirtschaft

Eine umweltökonomische Analyse

Diplomica

Seit Beginn landwirtschaftlicher Aktivitäten ist das Klima von größtem
Interesse für Landbewirtschafter, da es das Pflanzenwachstum, die
Bodenbeschaffenheit sowie die Agrarproduktion beeinflusst. Vor diesem
Hintergrund richtet sich der Blick auf den Klimawandel, der allgemein ein
ernstzunehmendes umweltökonomisches Problem von globalem Ausmaß
darstellt.

In der vorliegenden Studie wird erläutert, worin die Interdependenzen zwischen
der Landwirtschaft und dem Klimawandel liegen. Auf der einen Seite ist die
Landwirtschaft einer der größten Mit-Verursacher der Klimaänderung, weshalb
dessen Einbindung in Klimaschutzziele längst überfällig ist. Andererseits ist die
Landwirtschaft der Wirtschaftssektor, dessen Produktion am stärksten vom
Klima abhängig ist.

Welche Ausprägungen hat der Klimawandel bereits angenommen? Welche
Treibhausgase emittiert die Landwirtschaft und in welcher Höhe? Weshalb
resultieren hieraus negative Externalitäten, die die Umwelt schädigen und
letztlich zu Marktversagen führen? Wie kann dieses Marktversagen
staatlicherseits durch umweltpolitische Maßnahmen wie Auflagen oder
Zertifikate korrigiert werden? Welche Möglichkeiten haben Landwirte, die aus
landwirtschaftlichen Produktionsprozessen resultierenden Emissionen zu
reduzieren?

Für diese und weitere Fragen zeigt das Buch Lösungsmöglichkeiten auf.
Welchen Schaden die Landwirtschaft durch den Klimawandel bereits
genommen hat und von welchen Klimafaktoren die zukünftige
Nahrungsmittelversorgung abhängt, wird abschließend erläutert.

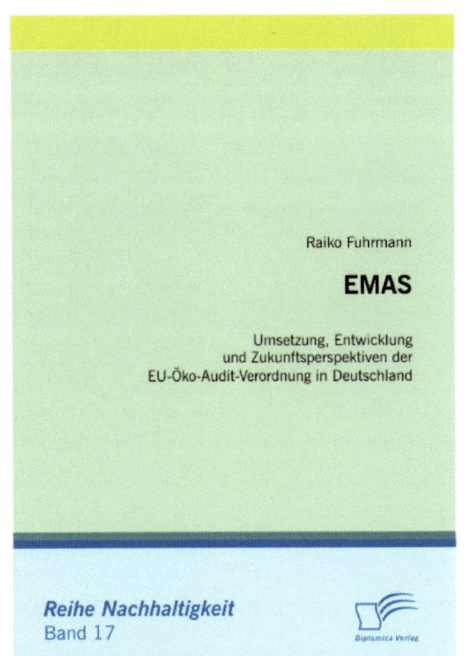

Raiko Fuhrmann

EMAS

Umsetzung, Entwicklung
und Zukunftsperspektiven der
EU-Öko-Audit-Verordnung in Deutschland

Reihe Nachhaltigkeit
Band 17

Raiko Fuhrmann

EMAS
Umsetzung, Entwicklung und
Zukunftsperspektiven der EU-Öko-
Audit-Verordnung in Deutschland

Diplomica 2009 / 116 Seiten /
39,50 Euro

ISBN 978-3-8366-6212-3
EAN 9783836662123

Mit EMAS wurde von der EU ein Umweltmanagement- und Umweltprüfungssystem geschaffen, das Organisationen seit 1995 auf freiwilliger Basis ermöglicht, ihren Beitrag zum Umweltschutz zu leisten und ihr ökologisches Image zu verbessern. Gleichzeitig soll EMAS auf der europäischen Ebene mithelfen, die Umweltzielstellung der EU im Rahmen einer nachhaltigen Entwicklung zu verwirklichen.

Im Jahre 2001 erfolgte eine Revision von EMAS zur EMAS II, bei der u.a. die ISO 14001 Regelungen teilweise mit integriert wurden. Seit dieser Zeit sank auch die Teilnehmeranzahl in Deutschland von damals ca. 2.000 auf derzeit noch ca. 1.500 Organisationen. Auf europäischer Ebene steigt zwar die Teilnehmerzahl, bleibt aber auch hinter den Erwartungen zurück.

Derzeit ist für EMAS eine Revision zur EMAS III in Arbeit, die sich aber wahrscheinlich bis 2010 hinziehen wird. Hierbei werden die möglichen Neugestaltungsvorschläge und deren Umsetzungsmöglichkeiten diskutiert.

Dieses Buch soll einen Überblick über Umsetzung und Entwicklung von EMAS in Deutschland bieten. Die wesentlichen Ursachen dieser Entwicklung werden aufgezeigt, und es wird beurteilt, inwieweit die Ziele des Systems erreicht wurden. Des Weiteren werden der aktuelle Stand der Revision zur EMAS III und die wesentlichen Neugestaltungsvorschläge der interessierten Kreise diskutiert, um mögliche Zukunftsperspektiven für EMAS aufzuzeigen.

Robert Busch

Nachhaltige Flächenbelegung für
**Landwirtschaftliche Produktion und
Konsum tierischer Lebensmittel in
Deutschland

Diplomica 2009 / 128 Seiten /
39,50 Euro

ISBN 978-3-8366-6695-4
EAN 9783836666954

Die Bewertung der Nachhaltigkeit nachwachsender Rohstoffe findet immer
öfter seinen Fokus in dem Faktor der verfügbaren Fläche. Landwirtschaftlich
nutzbare Fläche ist begrenzt. Anliegen dieser Studie ist die Analyse alternativer
Flächenpotenziale in der Landwirtschaft in Deutschland. Die Studie beschäftigt
sich mit der Erörterung von Nutzungspfaden, Zielen und Umweltwirkungen
nachwachsender Rohstoffe einerseits und der Analyse von
Freisetzungspotenzialen landwirtschaftlicher Flächen durch Verminderung von
Produktion und Konsum tierisch basierter Nahrungsmittel andererseits. Die
Berechnungen dazu basieren auf der globalen Inanspruchnahme von
Landwirtschaftsflächen für die Produktion von Futtermitteln. Den Kontext der
Studie bilden Überlegungen zu einer weltweit gerechter gestalteten,
nachhaltigen landwirtschaftlichen Flächennutzung.

Christian Puls

Green Buildings: Nachhaltiges Bauen auf dem deutschen und amerikanischen Gewerbeimmobilienmarkt

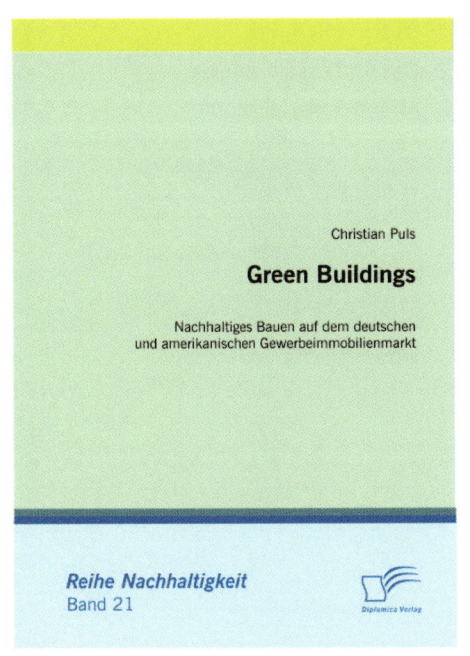

Christian Puls

Green Buildings

Nachhaltiges Bauen auf dem deutschen und amerikanischen Gewerbeimmobilienmarkt

Reihe Nachhaltigkeit
Band 21

Diplomica 2009 / 112 Seiten / 59,50 Euro

ISBN 978-3-8366-7352-5
EAN 9783836673525

Ein Green Building ist eine Immobilie, welche die Reduktion des Einflusses auf Umwelt und menschliche Gesundheit zum Ziel hat. Green Buildings werden entworfen, um Strom und Wasser einzusparen und um negative Auswirkungen auf Mensch und Umwelt über den gesamten Lebenszyklus zu minimieren.

Dieses Buch analysiert aus Sicht des deutschen und amerikanischen Gewerbeimmobilienmarkts die Faktoren, welche die Green Building-Bewegung derzeit vorantreiben. Es verdeutlicht an praktischen Beispielen, wie sich Investitionen in nachhaltige Gebäude rechnen und gibt einen Überblick über die angewandten Techniken.

Weiterhin wird darüber aufgeklärt, welche Vorschriften und Zertifikate das nachhaltige Bauen in der BRD und den USA bestimmen und auszeichnen. Besonderes Augenmerk liegt hierbei auf der Rolle des amerikanischen Zertifikats für „Leadership in Energy and Environmental Design" (LEED) sowie des Zertifikats der Deutschen Gesellschaft für nachhaltiges Bauen. Abschließend gibt eine Umfrage unter Experten Einblicke in die derzeit vorherrschenden Meinungen über Green Buildings und zeigt mögliche Potenziale dieser Bewegung auf.

Percy Michalak
Ökologische Logistik

Analyse von Wirkungs-
zusammenhängen und Konzeption
von ökologischen Wettbewerbs- und
Logistikstrategien

Diplomica 2009 / 120 Seiten /
49,50 Euro

ISBN 978-3-8366-7726-4
EAN 9783836677264

Percy Michalak

Ökologische Logistik

Analyse von Wirkungszusammenhängen und Konzeption
von ökologischen Wettbewerbs- und Logistikstrategien

Reihe Nachhaltigkeit
Band 26

In den vergangenen Jahren sind verstärkt umweltpolitische Themen in den
Fokus der Gesellschaft und der Unternehmen gerückt. Die öffentliche Meinung
fordert zunehmend umweltfreundliche Produkte, nachhaltige Lösungsansätze
und somit ökologisch orientierte Unternehmen.

Percy Michalak entwickelt die Theorie, dass sich ein verantwortungsvolles,
unternehmerisches Handeln gegenüber der Umwelt aus der ökologischen
Betroffenheit von Unternehmen ergibt. Weiterhin vermittelt das Buch die
strategische Relevanz einer ökologischen Logistik zur Generierung von
Wettbewerbsvorteilen. Ökologische Unternehmens- und Logistikstrategien
werden aufgestellt, diskutiert und Handlungsempfehlungen ausgesprochen.

Das Buch gibt anschaulich und detailliert Antworten auf die Frage: Kann eine
nachhaltige Unternehmensstrategie, verbunden mit einer ökologischen
Logistik, zu ökonomischem Erfolg führen?
Es richtet sich daher sowohl an Studenten als auch an Fach- und
Führungskräfte der Logistik, des strategischen Managements und an
Nachhaltigkeit und Umweltbewusstsein interessierte Leser.

Rebecca Faltins

Bio-Lebensmittel in Deutschland

Kaufbarrieren und Vermarktung

Diplomica 2010 / 124 Seiten /
39,50 Euro

ISBN 978-3-8366-8562-7
EAN 9783836685627

Rebecca Faltins

**Bio-Lebensmittel
in Deutschland**

Kaufbarrieren und Vermarktung

Reihe Nachhaltigkeit
Band 31

Diplomica Verlag

Bio-Lebensmittel sind in aller Munde – aber nicht auf jedem Teller. Wie kommt es zu dieser Entwicklung?

Rebecca Faltins geht in ihrem Buch der Frage nach, wie eine Ausweitung des Absatzes von Bio-Lebensmitteln in Deutschland durch gezielte Maßnahmen des Marketings möglich ist. Dabei wird von ihr systematisch bei den Gründen angesetzt, die zum Nichtkauf von Bio-Lebensmitteln führen und damit eine Erhöhung des Absatzes von ökologisch erzeugten Lebensmitteln verhindern.

Es wird der Markt für Bio-Lebensmittel in Deutschland betrachtet, Bio-Käufer und ihre Motive werden charakterisiert und die Nichtkaufgründe für Bio-Lebensmittel identifiziert. Anschließend zeigt Rebecca Faltins, wie durch den Einsatz des Marketinginstrumentariums diese Kaufbarrieren überwunden werden können.

Houssam Eddin Makkie

Green Building: Nachhaltigkeitszertifikate im Bausektor

Konsequenzen für die Bau- und Immobilienwirtschaft

Diplomica 2010 / 152 Seiten / 49,50 Euro

ISBN 978-3-8366-9133-8
EAN 9783836691338

Houssam Eddin Makkie

Green Building: Nachhaltigkeitszertifikate im Bausektor

Konsequenzen für die Bau- und Immobilienwirtschaft

Reihe Nachhaltigkeit
Band 33

Im Fokus der vorliegenden Untersuchung steht eine vergleichende Analyse der DGNB-, LEED- und BREEAM-Zertifizierungssysteme und ihrer Konsequenzen für die Nachhaltigkeit in der Bau- und Immobilienwirtschaft. Hierzu wird die Verbreitung der Systeme national und international aufgezeigt. Darüber hinaus werden die Vor- und Nachteile der jeweiligen Systeme sowie der dazugehörige Kosten- und der Personalaufwand umfangreich dargestellt und bewertet.

Nach einer kurzen Einführung in die Thematik werden, um so die internationalen Nachhaltigkeitszertifikate besser verstehen zu können, die Grundlagen des Grünen Bauens und des World Green Building Council erklärt. Anschließend widmet sich der Autor eingehend jedem einzelnen System und diskutiert die entsprechenden Kriterien. Am Schluss steht die Bewertung des Einflusses der Nachhaltigkeit auf die Bau- und Immobilienwirtschaft sowie eine Beurteilung der Chancen und Risiken der einzelnen Nachhaltigkeitszertifikate.

2119317R00053

Printed in Germany
by Amazon Distribution
GmbH, Leipzig